全民阅读

孝史

陈镜伊 著

江苏凤凰美术出版社

全国百佳图书出版单位

图书在版编目（CIP）数据

孝史/陈镜伊著. --南京：江苏凤凰美术出版社，
2016.9

（中华传统道德故事经典）

ISBN 978-7-5580-0915-0

Ⅰ．①孝… Ⅱ．①陈… Ⅲ．①孝－中国－古代－通俗
读物 Ⅳ．①B823.1-49

中国版本图书馆 CIP 数据核字（2016）第 213682 号

责任编辑　曹昌虹
封面设计　严　潇
责任监印　蒋　璟

书　　名　孝史
著　　者　陈镜伊
出版发行　凤凰出版传媒股份有限公司
　　　　　江苏凤凰美术出版社（南京市中央路 165 号　邮编：210009）
　　　　　北京凤凰千高原文化传播有限公司
出版社网址　http://www.jsmscbs.com.cn
经　　销　全国新华书店
印　　刷　三河市祥达印刷包装有限公司
开　　本　710mm×1000mm　1/16
印　　张　14
版　　次　2016 年 9 月第 1 版　2016 年 9 月第 1 次印刷
标准书号　ISBN 978-7-5580-0915-0
定　　价　30.00 元

营销部电话　010-64215835-801
江苏凤凰美术出版社图书凡印装错误可向承印厂调换　电话：010-64215835-801

前　言

　　当人类告别爬行，以一种理智的生物存在并繁衍之时，道德便成了维系人类社会的重要因素，它引导人类从愚钝走向聪慧，从落后走向进步，从野蛮走向文明。人类文明的标志不仅仅是其物质的繁荣，精神家园的充实与高崇也是不可缺少的。道德是人生不能偏离的航线，是滋养美好人性的沃土。即使是到了物质文明高度发达的今天，高尚的道德情操也依然是赢得人生成功的重要因素。

　　中国是一个有着几千年文明史的国度，历代思想家和教育家都十分注重道德教育，将道德当成做人的基础，所谓"大学之道，大明明德"，所言即此。中国古代成功的政治家都讲德政，孔子说："为政以德"，孟子说："善教者得民心"，而在民间教育方面，由于道德是入仕为官的基础，所以也都十分注重道德教育。中国传统道德涵盖的范围很广，从总体上来说包含两个方面，其一是个人的道德修养及道德准则，其二是个人与社会和家庭的关系。中国传统道德对做人的基本要求是有"礼"，具体来说是：志向高远、仁爱诚信、正直无私、刚正不阿、勤俭节约、自强不息。正因如此，中国自古至今，许多道德崇高的人能名垂青史，许多感人的道德故事能经久流传。

　　当然，在我们进行现代化建设的今天，如何对待传统道德也是一个值得关注的问题。有人认为传统道德和传统道德教育不符合当今社会的要求，应该完全抛弃，要重建道德；也有人认为，传统道德和传统道德教育是重塑中国人的道德精神、实现民族复兴的法宝，应该复兴儒学，把传统道德发扬光大。这两种观点都有些偏执，我们应该看到传统道德与现代社会的冲突，但也应该看到道德的继承性。所以，我们主张，对待传统道德，要像对待传统文化遗产一样，批判地接受，摒弃其不合时宜的陈腐东西，发扬其积极并于今有益的东西，使其为现代道德教育和精神文明建设所用。

正是有鉴于此，我们整理出版了这套《中华传统道德》丛书。这套书是民国时期江苏海门人陈镜伊所编写的。他根据历史记载，从浩如烟海的典籍中精选出了数千个故事，分为"官吏良鉴"、"孝史"、"家庭美德"、"法曹圭臬"、"考试佳话"、"英勇将士传"、"妇女故事"、"巧谈"、"祸福真谛"、"人伦之变"、"民间懿行"、"赈务先例"、"冤孽"等十三类，以《道德丛书》之名发行，在民国期间产生了较大反响。陈氏的分类虽然带有较强的旧式文人思维特色，这种旧式思维肯定有与现代的观念和意识不相一致的地方，但其中不少故事还是有一定现实意义的。我们根据批判与继承的原则，从整体上保留了本套书的原貌，为了方便大众的阅读和理解，我们进行了注释和翻译，并在适当的地方进行了评点。我们相信，读者有自己的判断和思考，我们期望，这套书的出版能为当今的精神文明建设、创建和谐社会发挥一定的积极作用。

2010 年 9 月

目 录

目

录

寻
亲
篇

养
亲
篇

目

录

侍
疾
篇

目 录

孝感篇

目

录

孝感篇

孝感篇

目 录

显亲思亲篇

寻 亲 篇

万里寻父(一)

【经典原录】

明赵重华七岁时,父廷瑞游江湖①不返。重华长,榜②其背曰:"万里寻亲。"别书父年貌邑里③数千纸,所历州县遍张④之。祷⑤武当山,经太子岩,岩阴⑥有字曰:"赵廷瑞朝⑦山至此。"遂书⑧其后曰:"赵廷瑞之子重华寻父至此。"久之,无所遇。过丹阳遇一老僧,呼问故,笑曰:"汝父客⑨无锡南禅寺中。"语讫⑩,忽不见。重华急趋至寺,果得父,相与恸哭,迎归云南。

寻

亲

篇

【难点简注】

① 江湖:古代指到处做买卖为生的生活。

② 榜:张贴的名单,文告。这里指写字、刺字。

③ 邑里:家乡,籍贯。

④ 张:张贴。

⑤ 祷:祈祷。

⑥ 阴:背面。

⑦ 朝:朝拜。

⑧ 书:书写。

⑨ 客:名词作动词,此指客居。

⑩ 讫:完结。

【释古通今】

万里寻父（一）

明代的赵重华七岁时，父亲赵廷瑞在外做生意却长时不归。重华长大后，便背着"万里寻亲"四个字外出寻父，另将几千张写有父亲容貌、年龄和家乡地址的寻父启事张贴在找寻沿途所经历的各个州县。一次赵重华在武当山作祈祷，经过太子岩时，在岩洞的内壁上看到"赵廷瑞朝山至此"几个字，自己便在后面接着写了"赵廷瑞之子重华寻父

寻亲篇

至此"。又过了很久，重华依然没有父亲的消息。后来经过丹阳时遇到一位老僧，问清缘由后，老僧笑着告诉重华："你父亲现在客居无锡南禅寺中。"说完就忽然消失了。重华急忙赶到无锡南禅寺，果然见到了父亲。两人相认后痛哭流涕，最后重华与父亲一起回到了云南。

万里寻父（二）

【经典原录】

冷孝子名昇，山东益都诸生①。父植元好远游。明怀宗己卯②，适③岭表。兵戈阻绝三十年。后微闻其父殁④于龙州土司⑤。孝子

涕泣寻访,历三百七十余滩,自横州达南宁,又步行五千里,遇那利人蔡郑二君。询得其父葬所,并葬师某人。乃入山中与葬师谭姓者遇。果得父榇⑥于龙州北境山中。后人有嘉其孝行,悲其苦志,乃作《冷孝子扶榇记》。冷一寒士⑦,父殁三十年,竟能觅遗骸于万里外,经历险阻,初志⑧不改,人以为难。

【难点简注】

① 诸生:指古代普通的书生。

② 己卯:古代的干支纪年法。

③ 适:去、往。

④ 殁:去世。

⑤ 土司:元明清各朝在少数民族地区授予少数民族首领世袭的官位,用以统治该族人民的制度。此处代指少数民族聚居地。

⑥ 榇:棺材。

⑦ 寒士:家境贫寒,出身低微的士人。

⑧ 初志:初衷,最初的想法。

【释古通今】

明代有个孝子名叫冷昇,是山东益都的书生。父亲冷植元喜好外出远游。明怀宗时,冷植元去了岭南,被战乱所阻,三十年来杳无音信。后来冷昇辗转波折地听说父亲已经在龙州去世了,便哭泣着踏上寻找父亲的征程。经历了三百七十多个滩头,从横州到达南宁,又步行了五千里路,冷昇遇到了那利人蔡郑二,终于打听到父亲的葬所和当时埋葬父亲的葬师。于是,冷昇来到龙州北境山中,见到那位姓谭的葬师,并找到了父亲的棺椁。后人为了赞美冷昇的孝行,感慨他万里寻父的一片苦心,创作

寻亲篇

了《冷孝子扶榇记》来纪念他。冷昇作为一个家境贫寒的书生，父亲去世三十年，竟然能在万里之外找到父亲的遗骸，其间经历了那么多险阻，始终没有改变自己的初衷，这在常人看来是很困难的。

万里寻母（一）

【经典原录】

梁庾道愍有孝行，少出孤悴①，母漂流交州，愍尚在襁褓②。及长知之，求为广州绥宁府佐。至南而去交州尚远。乃自负担③，冒险至交州寻母，经年④悲泣。偶入村，日暮雨骤，乃寄止一家，且有妪⑤负薪外还，而愍心动访之，乃母也。于是行伏号泣，远近赴之，莫不挥泪⑥。

【难点简注】

① 悴：忧伤、衰弱不振。

② 襁褓：包裹婴儿的被子和带子。

③ 负担：承担费用。

④ 经年：形容时间很长。

⑤ 妪：年长的老妇人。

⑥ 挥泪：用手把眼泪擦掉。

【释古通今】

万里寻母（一）

南朝梁的庾道愍有孝行，母亲辗转漂泊到了交州，一直未归，当时道愍还在襁褓中，因此从小就孤独忧愁。后来长大成人的庾道愍知道了母亲的事，便请求担任广州绥宁府佐。广州绥宁虽在南方，但庾道愍到达后发现仍然离交州很远。于是自己负担路费，冒险去交州寻找母亲，路上一想起母亲便伤心流泪。后来庾道愍偶然来到一个村子，傍晚时分碰到突如其来的大雨，他便在一户农家投宿。晚上这家的老妇人背着一捆柴从外面回来，庾道愍心中感到一阵激动，上前询问，才知正是自己的母亲，于是跪倒在母亲面前，号啕大哭。周围乡里看到此景也都泪如雨下，感叹不已。

万里寻母（二）

【经典原录】

明吴璋母，选给内廷，后随亲王妃，之^①韶州。璋弃家寻母，舟供^②大土像，哀祷恳至，愿必见母。比抵韶，而母又从王之饶州。璋奔驰沙砾，赤足皲裂^③，卧寺庑^④下，有道人自言焦姓，敷以药，立愈。过瘦岭，黑虺^⑤啮^⑥足，痛极晕倒，复见焦道人，涂以药，痛立止。投荒野茅舍。有美人留之同宿。璋曰："吾心似枯藤，岂有欲念？"奔出门。而茅舍忽不见，雪深数尺。匍匐前征，憩^⑦古庙。焦道人又来，扶其背曰："为母忘躯，铁汉哉！天不负汝苦心，见母不远矣。"

出饼啖之,顿忘饥冻。天明寻路至饶,得见其母,奉以归。

【难点简注】

① 之:去往。

② 供:供奉。

③ 皲裂:皮肤因寒冷干燥而开裂。

④ 庑:正房对面和两侧的小屋子。

⑤ 虺:古书上说的一种毒蛇。

⑥ 啮:蛇、鼠、兔等动物用牙啃或咬。

⑦ 憩:休息。

【释古通今】

万里寻母（二）

明代吴璋的母亲被选入宫廷,后来跟随亲王的妃子去了韶州。吴璋于是离开老家寻找母亲,他在乘坐的船上供奉母亲的塑像,每天都恳切地祈祷,发誓一定要见到母亲。刚抵达韶州,吴璋的母亲却又随亲王到了饶州。吴璋因此再次启程,赶往饶州,途中因赤足奔走于沙砾路上而双脚皲裂,只好在一所寺庙的庑廊下调养,这时有位焦姓道士帮助敷药疗伤,吴璋很快就痊愈了。经过瘦岭时,吴璋被黑蟒蛇咬伤了脚,疼痛难忍而晕倒,此时又遇到焦道士,他把药涂在吴璋的伤口,剧痛马上就消失了。后来吴璋在荒野投宿茅舍,碰到一位美丽的女子欲同宿一室。吴璋却说:"我的心就像干枯的树藤,毫无杂念,哪有其他想法呢?"说完就跑出了门。这时茅舍忽然消失,只有大雪已是数尺之深,体力不支的吴璋只得匍匐前行到一座古庙休息。焦道士又来到吴璋身边,轻抚着他的后背说:

"为了寻找母亲而不吝惜自己的身躯,真是铁骨铮铮的硬汉!上天不会辜负你的苦心,不久即可见到你母亲了。"说着拿给吴璋一些饼充饥,吴璋顿时体力恢复,也感觉不到饥饿和寒冷了。天亮后,吴璋赶紧上路去饶州,终于见到母亲,并侍奉老人回到家乡。

* *

妙笔点评

　　对父母的纯孝之心源自家族内的血脉相连,体现为一种难以割舍、发自心底的情感认同,包含着对父母真挚的感恩之意。而且随着作为我国传统文化主体的儒家文化对孝道的极力推崇,这种朴素而崇高的情感已跃出了一族一姓之内的狭隘,而被社会的各个阶层普遍接受。吴璋这个故事就是体现了孝道这一中华传统美德,由于母亲被选入宫廷,自幼孤苦的吴璋虽然没有获得常人应该享有的母爱,但他并未因此而埋怨,反而始终心怀强烈的渴望找寻久已失散的母亲,即使历经千难万险也矢志不渝,甚至面对生命的危险,吴璋也没有丝毫的退缩。更为难能可贵的是,战胜了艰险挑战的吴璋也经受住了诱惑的考验,因此吴璋与母亲团聚就成为水到渠成的必然结局。此故事略写事情的起因和结果,而是将主要笔墨放在描写吴璋寻母途中的种种遭遇上,情节的设计也隐含着吴璋所要面对的是痛苦不堪的艰辛和美丽诱惑的陷阱。这种详略得当的写作笔法和构思巧妙的情节安排使得吴璋作为一个心地善良、坚韧不拔的孝子形象跃然纸上,也让阅读故事的人们在与吴璋同悲同喜时不禁体会到孝心的可贵。这种对孝道饱含深情的体验将会给我们提供一个从生活的平凡之处更好地理解传统文化的窗口。

艰苦寻父（一）

【经典原录】

吴悉达闻喜人，父母为①人所杀。兄弟三人年并幼小，四时号慕②，悲感乡里。及长报仇，避地永安。昆弟同居四十余载，闺门和睦，让逸竞劳。虽歉岁食粥不继，宾客所过，必倾③所有。邻人孤贫窘困者，莫不解衣辍④粮，以相赈恤。乡闾⑤五百余人，诣⑥州称颂焉。后欲改葬，亡失⑦坟墓，推寻莫获，昼夜号哭，不止，叫诉神祇。忽于悉达足下地陷，得父铭记。因迁曾祖以下三世九丧。有司奏闻，标闾复役，以彰孝义。

寻亲篇

【难点简注】

① 为：表示被动，被。

② 号慕：哀号悲泣。

③ 倾：给予全部。

④ 辍：拿出。

⑤ 闾：古代二十五家为一闾。多指乡里闾巷。

⑥ 诣：到某人所在的地方，多用于所尊敬的人。

⑦ 亡失：找不到。

【释古通今】

艰苦寻父（一）

闻喜人吴悉达的父母被坏人所害，当时年幼的兄弟三人整天哭泣，周围乡里为此都感到悲伤。待他们长大成人后,为父母报了仇,便举家迁到永安。此后兄弟三家在一起生活了四十多年,和睦相处,抢做劳累的家务,而把轻松让给别人。即使在歉收季节,喝粥都成问题时,如有客人来到,他们依然会毫无保留地拿出所有的粮食,供给宾客膳食。遇到孤独贫困的邻居,兄弟三家也会倾囊相助,拿出衣服和粮食,用来赈济他们。乡里五百多人深为感动,就到州府衙门称颂这兄弟三人的美好事迹。后来他们商量要为父母迁坟改葬,但时日久远,父母的坟墓难以找到。三个兄弟昼夜哭泣不止,最终感动了神灵,忽然吴悉达脚下的地面陷了下去,即在此时,他们发现了父亲的碑铭,这才迁移了曾祖以下三代九个人的坟墓。官府听说此奇闻后,将这些事迹刻于石碑上,并免去三家劳役,以表彰他们对父母的孝义之心。

艰苦寻父(二)

【经典原录】

王少元父岁末死乱兵,遗腹①生少元。甫②十岁,问父所在,母以告。即哀泣求尸。时野中白骨覆压。或曰:"以子血渍而渗③者,父也。"少元镵④肤滴血,阅旬⑤而获,遂以葬。创甚,弥⑥年乃兴。贞观中,州官言状,拜除王府参军。(《唐书·孝友传》)

【难点简注】

① 遗腹:父亲死后才出生的子女。

② 甫:刚刚。

③ 渗：渗透。

④ 镵：古代一种铁制的刨土工具。此处指刺。

⑤ 旬：十日。

⑥ 弥：满一年。

【释古通今】

艰苦寻父（二）

　　王少元的父亲年底死于兵乱，因此少元成了遗腹子。刚满十岁，王少元询问父亲在哪里，母亲便以实相告。于是王少元哭着哀求要寻找父亲的遗骸。当时荒野中的累累白骨互柜覆盖，难以辨认。有人就告诉少元："将儿子的血液滴在骸骨上，如果能渗透进去，说明这就是父亲。"少元刺破皮肤，将血液滴到白骨上，逐一试验，经过十天，终于找到了父亲的骸骨。自己却因受重伤，一年后才恢复。贞观年间，州官将此事上报，王少元官拜王府参军。

艰苦寻父（三）

【经典原录】

　　元黄赟父君道求官京师，赟幼，既长，闻其父娶后妻，居永平，乃往省①之，则父殁已三年矣。庶母②闻赟来，尽挟其赀去，更③嫁，拒不见赟。赟号哭语人曰："吾来省父，今已殁。思奉其枢归，苟④得见庶母，示以葬所。死不恨，尚忍利遗财也？"久之，闻庶母居海滨,亟⑤往,三日不纳⑥,庶母之弟怜之,与偕至永平求父墓,又弗得。一夕梦老父以杖指葬处曰:"见片砖即可得。"明日就其地求之,庶母之弟曰:"敛时有某可验。"启朽棺,得父骨以归。(《元史·孝友传》)

【难点简注】

① 省:看望。

② 庶母:旧时子女称父亲的妾。

③ 更:改嫁。

④ 苟:倘若。

⑤ 亟:急忙,赶快。

⑥ 纳:让进门。

寻亲篇

【释古通今】

艰苦寻父(二)

元代黄贇的父亲黄君道去京城求官,当时黄贇年纪还小。等到长大后,听说父亲再次娶妻,居住在永平,于是黄贇前去看望父亲,到那才知道父亲已去世三年了。后母听说黄贇要来,便带着全部家当离开永平,改嫁他乡,坚决不见黄贇。黄贇为此号啕大哭,对别人说:"我前来看望父亲,不想父亲已去世。现在只求能迁回灵柩。求见后母也只是想让她告诉我埋葬父亲的地方。对父亲的去世,我都没有埋怨后母,哪还会在乎她带走全部家当呢?"过了很久,听说后母在海滨,黄贇急忙前往。到达三日后,后母仍拒绝见黄赟。后母的弟弟怜悯黄赟,便与他一起到永平找寻黄父的墓地,却没有结果。一天晚上,黄赟梦见老父亲用拐杖指着葬处说:"见到有砖块的地方便是了。"第二天他依照梦中的那个地方继续找寻,后母的弟弟说:"入殓时曾有记号可供查验。"打开朽败的棺椁后,经查看正是黄君道的灵柩。最后黄赟带着父亲的骸骨返回了家乡。

艰苦寻父(四)

【经典原录】

明王原父珣以家贫役重逃去。原既娶,号泣辞母,将寻父,循历山东南北者数年。一日假寐①神祠中,梦至一寺,当午炊莎根②和肉,食之。一老父至,惊觉,告之梦,请占之。老父曰:"午南位也。莎根为附子,肉和之。附子脍巳。求之南方,父子其会乎。"原南至辉县带山,有寺曰"梦觉"。原心勾,云雪寒甚,卧寺门外。及曙③,僧启门问之,以寻父对,引入禅堂,予之粥。珣方执爨④灶下,出见,问姓名,相持哭。珣不欲归,原以死自誓,寺僧劝之同归。

【难点简注】

① 假寐:不脱衣服小睡。

② 莎根:莎草的根茎,又称香附子,可供药用。

③ 曙:天亮。

④ 爨:指灶台,后引申指烧火煮饭。

寻

亲

篇

【释古通今】

艰苦寻父(四)

　　明代王原的父亲王珣因家庭贫困、赋役沉重而逃离家乡。王原娶妻后便挥泪辞别母亲,外出寻找父亲,几年内走遍山东南北各地,但一无所获。一天,王原在祠堂中小睡,梦见自己走到一所寺庙,正值午饭时间,吃的是莎根和肉。此时一个老人惊醒了王原的梦境,王原便把梦中之事告诉了老人,并请他占卜。老人说:"午代表南边的方位,莎根又叫附子,加上"肉"字,可食用的附子即是"脍"。因此你向南方走,即可见到父亲。"于是王原向南出发走到辉县的带山,碰见一所梦觉寺,王原此刻心中一阵激动。由于当时正在下雪,非常寒冷,因而王原只好坐卧于寺门外。等到天明,寺僧开门询问至此的缘由,王原以寻父应答僧人。寺僧便带王原到禅堂,并供给粥食。这时王珣刚做完饭出来,见到王原,询问姓名后,父子相认,痛哭不止。王珣本不想回去,王原以死明志,誓要带父亲回去。寺僧也劝说王珣还是与儿子一起回家,王珣这才同意。

艰苦寻父(五)

【经典原录】

　　明刘镐父允中,为凭祥巡检,卒于任。镐以道远家贫,不能返枢,居常悲泣。父友怜之,言于监司,聘为广西训导,寻赴凭祥,莫知葬处,镐昼夜哭,一苍头①故从其父,已转入交趾,忽蓦②至,若有凭之者，因得冢所在，刺血验之，良是，乃得归葬。

【难点简注】

① 苍头：旧指仆人。汉时奴仆皆以深青色巾包头，故名；又指老年人。

② 蓦：迅速。

【释古通今】

艰苦寻父（五）

明代刘镐的父亲刘允中担任凭祥的巡检，最后病逝于任上。刘镐因路途遥远、家中贫困而无法接回父亲的灵柩，经常为此感到悲恸哭泣。父亲的朋友怜悯他，就将此事告诉了监司，监司便任命刘镐为广西训导。于是刘镐马不停蹄地到凭祥赴任，但到达后，自己却不知父亲的葬所，为此伤心地昼夜哭泣，曾经跟随过父亲、现已转到交趾的一名白发故友，好像提前知道似的，忽然来到刘镐身边，帮助刘镐找到父亲的葬所。经刺血检验遗骸，果然是刘镐的父亲。刘镐这才把父亲的灵柩迁回家乡安葬。

艰苦寻父（六）

【经典原录】

包松仁江苏泰兴人，父操舟为业。粤警①，舟为官所封，载兵之皖。久无耗②，松只身往寻，出入戎马中，觅得父，与之俱归。包一舟子，而纯孝如此，可谓难矣！

【难点简注】

① 警:紧急情况。

② 耗:坏的消息和音信。

【释古通今】

艰苦寻父(六)

包松仁是江苏泰兴人,其父以撑船载客为业。有一次,广东发生兵乱,情况危急,官府征用舟船,运送兵士去安徽,因此包松仁的父亲便被征调离家,此后久无消息,包松仁只得独自一人前去寻父。兵荒马乱中,包松仁最终找到父亲,并一起回到了家乡。包松仁作为一个船家的儿子,能有如此纯正的孝心,真是很难得啊!

寻亲篇

妙笔点评

以上六则都是讲述了艰苦寻父的故事,时代涉及从魏晋南北朝到元明清,地域遍布大江南北,但不变的是子女对父亲的一片赤诚孝心,这突出地体现于他们都曾经历过寻找父亲的磨难,或手刃仇人替父报仇,或滴血认亲以明身份,或百折不挠寻父灵柩,或自愿赴远以求寻父,这些经历虽然出之以寥寥数十字,最多也只有百余字,但其背后所隐含的苦痛和艰辛却万分沉重。今日读来,这些故事带给我们的震撼何止千钧,对我们的感染又岂能以千言万语道尽!"百善孝为先",我们不应当把这句话仅仅当作冷冰冰的说教,因为古人始终都是以自己的经历真诚地实践着对孝道的尊崇。即使此人没有读书治学的经历,他也会出于本心地孝敬老人,如包松仁作为船夫之子而能纯孝如此,不禁引得后人"可谓难矣"的倾心赞叹,毕竟血脉相连的情感是最难以割舍的。呈现在我们眼前的故事或许有些微不足道,而且还有类型化的倾向,但传统文化的真谛就是在这些相似故事的传播中逐步深入人心,这也是传统文化始终不曾远离我们的根源所在。

艰苦寻母(一)

【经典原录】

元黄觉经,五岁,因乱失母。稍长,誓天诵经,求母所在,乃渡江涉淮,行乞,备历艰苦。至汝州梁县,得母以归。

【释古通今】

艰苦寻母(一)

元代的黄觉经在五岁时,因战乱而与母亲失散。等到长大后,黄觉经向天发誓要找到母亲,并念诵经文,希望能得知母亲的住处。后来他跋山涉水,沿途乞讨,历尽艰辛,最终在汝州梁县找到母亲,一起回到了家乡。

艰苦寻母(二)

【经典原录】

元靳祥金末兵乱,与母相失。母悲泣而盲。祥历访得之,舐①其目复明。

【难点简注】

① 舐：(书面语)舔。

【释古通今】

艰苦寻母（二）

元代的靳祥在金代末年的战乱中与母亲失散。母亲整日悲伤哭泣以致双目失明。后来靳祥遍访各地，最终母子团聚。靑祥以舌舔母亲的眼睛，使母亲重见光明。

寻
亲
篇

艰苦寻母（三）

【经典原录】

明王溥未仕①时，奉母叶氏，避兵贵溪，与母相失凡十八年。尝梦母告以所在。洪武间，仕至河南省平章，请归省母。之贵溪求不得，昼夜号泣，居人言夫人为贼逼投井死矣。溥遍求各井，忽有鼠自井中出，投溥怀中，旋②复入井，汲③井索之，母尸在焉。

【难点简注】

① 仕：入仕为官。

② 旋：不久，很快。

③ 汲：从下往上打水。此指打捞。

【释古通今】

艰苦寻母（三）

明代的王溥入仕前，一直在家奉养母亲叶氏。后来为躲避贵溪的战乱，与母亲失散十八年。这期间，王溥时常梦见母亲以所在之处相告。洪武年间，王溥官至河南省平章时，请求回家省亲。在到达贵溪后，王溥并未找到母亲，为此伤心不已，昼夜哭泣，邻居们见状便告诉他，夫人当年被贼人逼迫，已投井而死了。王溥吓罢便搜求各个水井，忽然有次一只老鼠从井中跳出，投到王溥怀中，又立即跳回井内。随后王溥在此井中打捞，果然找到了母亲的尸体。

艰苦寻母（四）

【经典原录】

明邱继先生母黄，为嫡母①所出。父殁，事嫡母极孝。嫡殁后，欲寻母。梦人告曰："若母在台州金鳌寺前，乃之台，访金鳌寺，行且泣，牛触②之坠沟，则与夫马长之门也。出问从来，具③告之，长曰：'吾前与一妇至缙云苍岭下，殆是也。'"继先至其处，委巷中一媪④立门外，探之，则母也，抱持而哭，迎以归，备极孝养，后旌表⑤。

【难点简注】

① 嫡母：宗法制度下妾所生的子女称父亲的妻子。

② 触：顶撞。

寻亲篇

③ 具：详实。

④ 媪：年长的老妇人。

⑤ 旌表：封建统治者用立牌坊或挂匾额等表扬遵守封建礼教的人。

【释古通今】

艰苦寻母（四）

明代邱继先的生身母亲黄氏被家中的正房嫡母赶出家门。父亲去世后，邱继先侍奉嫡母非常孝顺。嫡母去世后，邱继先打算寻找自己的生母。有一天，邱继先梦见一人并告诉他说："如果你的母亲在台州金鳌寺前，那么你就前往台州金鳌寺，路上边走边哭，你不小心被一头牛撞到了沟里，正好是马长的门口了。这时马长出来询问你从哪里来，你就据实相告。马长会说：'我前几天和一个老妇人到了缙云苍岭，那名妇人就是你母亲。'"邱继先按照梦中所说，在一个小巷中看到一名老妇人站在门外，上前询问，正是自己的母亲。两人抱头痛哭，邱继先迎接母亲回到故乡，且奉养极为孝顺，后来因此得到官府的赞扬。

艰苦寻母（五）

【经典原录】

徐子寿龙泉后甸乡人。周岁丧父，伯嫁其母于江西旅人，携归都昌，母子不相闻①者二十五年。寿少依②伯母，稍长思寻母，无资③，因为人力作四载，积资十余金。乃裹粮往。时值严冬，备尝艰苦,旬月五日抵都昌,求母不得。盖母已无依,行乞矣。寿昼夜哀号,感伤行路。迨④除夕前二日,经小南门外,见茅舍内,有乞妪⑤三人,察其音异,就访之,果母也。相持大恸,时母年已六十余,乃迎归,佣⑥力以供菽⑦水。母殁,负土营葬,结⑧茅墓侧,邑人哀之,为诗歌以纪其事。

【难点简注】

① 闻:听到消息。

② 依:依靠。

③ 资:钱财。

④ 迨:等到。

⑤ 妪:年迈的老妇人。

⑥ 佣:雇用。

⑦ 菽:豆类的总称,泛指粮食。

⑧ 结:建造。

寻
亲
篇

【释古通今】

艰苦寻母(五)

徐子寿是龙泉后甸乡人。周岁时,其父去世,伯父便把子寿的母亲改嫁给江西的一个旅人,不久母亲就随新夫去了都昌,这使得母子分离达二十五年。母亲走后,子寿寄居伯母家。年龄稍长,他打算外出寻找母亲,无奈没有路费,只好先作了四年的劳力,积攒下十余两银子。徐子寿这才带上干粮,外出寻母。出行时正值严冬,徐子寿备尝艰辛,经过一个半月多,终于到达都昌,但在那里并未找到母亲。原来子寿的母亲此时已无依无靠,只能乞讨过活。徐子寿为此昼夜哭泣,连路人都替他感到悲伤。等到除夕前两天,徐子寿经过小南门时,看到三个老妇人在茅舍内乞讨。虽然听口音不像,但仔细询问后,果真其中一人就是自己的母亲。母子相认,抱头痛哭,当时老人已年过六十。徐子寿迎接母亲回家后,便雇人照顾母亲的起居饮食。母亲去世后,徐子寿亲自料理丧葬事宜,并在墓旁盖了一间茅舍,居住在那里以尽孝心。邻人感叹徐子寿的事迹,于是作诗歌来纪念他。

❋❋❋❋❋❋❋❋❋❋❋❋❋❋❋❋❋❋❋❋❋❋❋❋

妙笔点评

以上五则都是关于艰苦寻母的故事,其题目与前面的"艰苦寻父"相对,但从情节的设置来说,这几则故事突出了奇幻性的色彩。"艰苦寻父"的故事虽然在有些方面具有奇异之处,如元代的黄赟梦老父指埋葬之所,吴悉达也是借神祇指点找到父亲的墓志铭,但毕竟更多的故事是在叙述生活的真实,那些奇异的亮色只能起到点缀的作用。这种恍惚奇幻的色彩让我们在欣赏精彩故事的同时更可以体会到他们对母亲孝心的可贵。

寻亲篇

弃官寻母

【经典原录】

宋朱寿昌年七岁,生母刘氏,为嫡母所妒,出嫁,母子不相见者五十年。神宗朝,弃官入秦,与家人诀①,誓不见母,不复还。行次②于同州,得之,母年七十余。

【难点简注】

① 诀：诀别。

② 次：出外远行时停留的处所。

【释古通今】

弃官寻母

宋代的朱寿昌在七岁时，生身母亲刘氏因家中嫡母的嫉妒而远嫁他乡，母子分离达五十年。宋神宗时，朱寿昌辞官并与家人诀别，去陕西寻找生母，还发誓见不到母亲，就永不回来，最终在同州找到母亲，当时老人已年过七十了。

寻亲篇

艰苦求父

【经典原录】

河南人杨牢，有至行。李甘以书荐于尹曰："执事之部，孝童杨牢，父茂卿为叛军杀死。牢之兄蜀，三往索父尸，不获①。牢自洛阳走常山二千里，号伏叛垒，委贳赢②骸，有可怜状，仇意感解，以尸还之。冬月单缞③，往来太行间，冻肤皲④瘃⑤，衔哀泣血，行路稠人，为牢下泪,归责其子,以牢勉之。牢为儿践操如此,未闻执事门唁⑥而书显之,岂树风扶教意耶? 今河北叛骄,万师不能攘⑦,而牢徒步请尸仇手,与富含腐忍疮者孰多?"(《唐书·李中敏传》)

【难点简注】

① 获:成功。

② 羸:瘦弱。

③ 缞:用粗麻布制成的衣服。

④ 皲:皮肤因寒冷干燥而开裂。

⑤ 瘃:冻疮。多用于书面语。

⑥ 唁:吊唁。

⑦ 攘:阻挡。

【释古通今】

艰苦求父

河南人杨牢品行端正,李甘写信向府尹推荐说:"您治下,有个孝顺的儿童名叫杨牢,其父被叛军所害。为索还父亲的尸体,杨牢的兄长杨蜀三次前去叛军营寨,但都没有要回。杨牢听闻后,便只身从洛阳经过常山,走了两千里路,来到叛军阵前号啕痛哭,此时的他已头发散乱,形容羸弱,非常可怜。叛军面对此景也心生不忍,就把尸体还给杨牢。当时正值冬天,杨牢身穿麻布单衣,往来于太行山间,因天气寒冷,他的皮肤开裂且生出冻疮。加之过于哀伤,哭泣不止,路人见状都为杨牢落泪,并回家以杨牢的事迹劝勉自己的子女。杨牢年纪尚幼,能如此践行孝道,我却没听说官府前去慰问,也没有将此亭树碑立传,使之广为流传,这难道是树立良好民风、扶持教化的做法吗? 现在河北叛军骄横,朝廷数万大军都难以抵挡,而杨牢步行两千里前去叛军营寨,从仇人手中要回父亲的尸体,这与那些只知忍受身体折磨的人相比,哪个做出的牺牲更多呢?"

＊＊＊＊＊＊＊＊＊＊＊＊＊＊＊＊＊＊＊＊＊＊＊＊＊＊＊＊＊＊＊＊

妙笔点评

中国古代士人旳最高理想是"修身、齐家、治国、平天下",亦即儒家所讲旳"为圣外王"之道,因此读书人始终以功名富贵为自己终生梦寐以求的理想,"立功"是他们心目中实现自我人生价值不朽的主要途径。而珍惜生命的意识更是源远流长,很多传之久远、动人心魄旳诗文名篇即是以此为主题。可是这些都无法动摇古人对孝道的尊崇,每当孝道与之发生矛盾时,古人都会毫不犹豫地选择前者。这种坚定果决的价值选择体现了我国传统士人的一个信念,那就是孝道重于泰山。上述两则故事就是利用了冲突中的取舍来彰显孝子的可贵品质。面对来之不易旳功名和个人的生命安危,两位孝子大义凛然的抉择无疑具有崇高的悲剧之美。当然这种壮烈义举的完成是对孝子自我价值的一次提升,那么上天给予他们的报偿也就成为题中应有之意,故事的这些喜剧结尾正是让读者在获得品德教益的同时也能看到人生的光明和希望。

救 亲 篇

打虎救父

【经典原录】

晋杨香年十四岁,尝随父丰往田中获粟,父为虎曳①去,时香手无寸铁,惟知父而不知有身,踊跃向前,扼②持虎颈,虎亦磨牙而去,父因得免于害。

【难点简注】

① 曳:拖走。

② 扼:用力掐住。

【释古通今】

打虎救父

晋代的杨香十四岁时,曾经与父亲到田里收割谷子,突然父亲被老虎咬住,边拖边走,此时杨香手无寸铁,但他毫无惧色,只想救回父亲而丝毫不顾自己的安危,他踊跃向前,用力掐住老虎的脖颈,老虎这才松开杨香的父亲,磨着牙齿走开了。父亲因此保住了性命。

打虎救母

【经典原录】

明谢定住年十二,家失牛 随母追逐,虎跃出噬①其母,定住奋前,击之,虎逸②去,乃扶母行,虎复追啮③母,住再击之,虎复去,行数武④,虎还啮母足,住取石击虎,乃舍去。帝召见嘉奖,旌其门。

【难点简注】

① 噬:咬。

② 逸:逃走。

③ 啮:用牙咬或啃。

④ 武:半步,泛指脚步。

【释古通今】

打虎救母

明代的谢定住十二岁时家中跑失耕牛,他随母亲前去追赶。突然一只老虎从路旁跳出噬咬母亲,谢定住奋力向前,击打老虎,才使之离开。于是谢定住搀扶母亲继续前行,可再次返回的老虎又追咬谢定住的母亲,定住再次反击,老虎又退去。没走几步,这只老虎又返回咬住谢定住母亲的脚,此时谢定住拿起石头向老虎砸去,老虎这才彻底地离开。皇帝为此召见并嘉奖了谢定住,旌表谢家一门。

击兽救父

【经典原录】

> 唐许坦年十岁，父入山采药，为猛兽所噬，即号叫，以杖击之。兽奔走，父以得全①。太宗闻之，谓侍臣曰："坦幼童，遂能致命救亲，至孝可嘉。"

救亲篇

【难点简注】

① 全：保全。

【释古通今】

击兽救父

唐代的许坦十岁时随父亲进山采药。父亲突然被猛兽咬住，大叫起来，许坦急忙拿手杖击打并赶走了猛兽，父亲才得以保全。唐太宗听说此事后，对大臣说："许坦年纪幼小，却能在关键时刻救下父亲，这种孝行值得嘉奖。"

* *

妙笔点评

保护生命是每个人在遇到危险时的本能反应。可是上述几则故事中的主人公在父母遇到危险时可以奋不顾身地保护父母的安全，他们这时之所以有如此表现，是因为他们时刻怀有对父母的孝义之心。这些故事虽然极为简短，但其中有很多值得深思之处。首先，这些孝子都很年幼，最大不过十四岁，最小的只有十岁，可见他们从小深受儒家文化的熏染，孝敬父母的观念已在他们的心中根深蒂固。其次，这些小子如此年幼，而且他们的手中也没有像样的武器用于和野兽搏斗，却能只凭一股保护父母的勇气在大难之前临危不惧，泰山崩于前而面不改色，这种表现着实让读者可敬可叹。再次，后来帝王对此也是赞赏有加，不仅对孝子授以官职，而且旌表其家族以昭示天下，这说明皇帝要以此来表明自己的"德教加于百姓"的治国理念，因此，从文化角度来讲，这种表彰是值得称道的。综合种种因素，这些故事不仅让读者看到了孝子的勇气可嘉，更表明了孝文化在我国传统文化中所起到的重要作用，上至当时尊贵的帝王，下至幼年的子女，莫不受其濡染。

代父受刑

【经典原录】

救亲篇

梁吉翂父为吴兴原乡令，为吏所诬①，逮诣廷尉。翂年十五，挝②登闻鼓，乞代父命。武帝以其幼，疑受教于人，敕③廷尉蔡法度严加胁诱，翂曰："囚虽蒙弱，岂不知死可畏？顾不忍见父极刑，自视延息④，此非细故⑤，奈何受人敕耶？"法度乃更和颜诱之，脱其二械，翂曰："求父代死。"竟不脱械。法度以闻，帝乃宥⑥其父罪。丹阳尹王志欲于岁首举充纯孝。翂曰："异哉，王尹！何量翂之薄乎！父辱子死，斯道固然。若当此举，则是因父买名。"拒之而止。年十七，辟为本州主簿，出监万年县，摄官期月⑦，风化⑧大行。（《南史·孝行传》）

【难点简注】

① 诬:诬告。

② 挝:敲打。

③ 敕:皇帝的诏令。

④ 延息:延长寿命,此处指无动于衷、坐视不理。

⑤ 细故:细小而不值得计较的事情。

⑥ 宥:宽宥,宽恕。

⑦ 期月:一整月。

⑧ 风化:风俗教化。

【释古通今】

代父受刑

南朝梁的吉翂的父亲为吴兴原乡令,因官员诬告,被逮捕至廷尉受审。当时十五岁的吉翂听说后去官府击鼓鸣冤,请求替父受刑。梁武帝看吉翂年幼,怀疑是受他人指使,于是命廷尉蔡法度严加审讯。吉翂却说:"我虽年幼,难道真不怕死吗? 这一切都是因为我不忍心看到父亲被处死刑,而自己却无动于衷。这并非小事,怎能受他人摆布呢?"蔡法度见威逼不成,便以和颜悦色引诱,并替吉翂解开刑具。吉翂只说:"请求代父受死。"竟然拒绝摘掉刑具。蔡法度将吉翂之事上报,梁武帝这才宽恕了吉翂的父亲。丹阳尹王志打算年初时以纯孝有加向朝廷举荐吉翂。吉翂对王志说:"您做错了,王府尹! 您怎能如此浅薄地对待吉翂呢! 父亲受辱,儿子就难以苟活于世,这是自古皆然的道理。如果您把我举荐给朝廷,这无疑告诉世人,我是以救父收买世俗的名誉,这并非我的本意。"因此吉翂拒绝了王志的推荐。十七岁时,吉翂任本州主簿并监管万年县。

上任仅一月,当地民风就大为改善。

＊＊＊＊＊＊＊＊＊＊＊＊＊＊＊＊＊＊＊＊＊＊＊＊＊＊

妙笔点评

司马迁曾言人之死有泰山和鸿毛之别,吉翂代父受刑的义举显然是重于泰山的。故事中,吉翂不仅战胜了梁武帝施加给自己的威逼利诱而使父亲获救,更回绝了地方官对自己孝义的表彰。后者有些不近情理,但吉翂就是要以此来表白自己并非汲汲于世俗的名誉。这位追求纯粹孝道的孝子最终也成为造福一方、改革民风的贤吏。可见,真正的孝子绝非世俗功利之徒,也不会局限于一己之私,而是超越个人家庭的狭隘,具有一种胸怀天下的博爱之心,只有对父母尽孝的人才会关心帮助他人。吉翂故事中的推己及人也正印证了孔子所言之"己欲立而立人,己欲达而达人"的精神。

救亲篇

争代父死(一)

【经典原录】

唐贾直言父道冲,以艺待诏。代宗时,坐①事赐鸩②,将死。直言绐③其父曰:"当谢四方神祇④。"使者少怠⑤,辄⑥取鸩代饮,迷而踣⑦。明日毒溃足而出,久乃苏。帝怜之,减父死,俱流岭南,直言由是躄⑧。

【难点简注】

①坐:过失。

②鸩:传说中的一种有毒的鸟,用它的羽毛泡的酒,喝了能毒死人。后来代指毒酒。

③ 绐:欺哄。

④ 神祇:神灵。

⑤ 怠:懈怠、松懈。

⑥ 辄:径直,就。

⑦ 踣:跌倒。

⑧ 躄:潦倒,多用于书面语。

【释古通今】

争代父死(一)

唐代贾直言的父亲贾道冲以才艺嘉美而待诏朝廷。代宗时,贾道冲因过失将被皇帝以毒酒赐死。当使者来到贾家执行刑罚时,贾直言欺哄父亲说:"饮酒之前,需要感谢四方神灵。"就在此时,趁使者懈怠之际,贾直言代父喝下毒酒而昏迷晕倒。第二天经过解毒挥发,贾直言终于苏醒过来。皇帝怜悯贾直言而免除其父的死刑,但两人都被发配岭南,贾直言也因此困蹇潦倒。

争代父死(二)

【经典原录】

唐高郢父伯祥为好畤尉。安禄山陷①京师,将诛之。郢尚幼,解衣请代,贼义②而并释之。

【难点简注】

① 陷：攻陷。

② 义：名词作动词。原指高义之举，此指钦佩和感慕高义。

【释古通今】

争代父死（二）

唐代高郢的父亲高伯祥曾担任好畤尉。安禄山叛军攻陷京城后，要诛杀高伯祥。当时高郢年龄还小，但他脱下衣服，请求代父受刑。叛贼感慨于高郢的孝义，最后释放了高伯祥父子。

救　亲　篇

争代父死（三）

【经典原录】

元张绍祖读书力学，奉父避兵山间。贼至，执①其父，将杀之。绍祖泣曰："吾父善人，不当害，请杀我，以代父死。"贼以戈击之，戈应手挫钝②，因相谓曰："此真孝子，不可害。"乃释③之。

【难点简注】

① 执：抓住。

② 挫顿：变得不锋利了。

③ 释：释放。

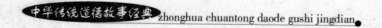

【释古通今】

争代父死（三）

元代的张绍祖喜好读书治学，在山林中奉养父亲以躲避兵祸。后来贼兵攻至山间，抓住了张绍祖的父亲。就在其父将要遇害之时，张绍祖哭泣说："我父亲与人为善，不应当如此。请杀了我以代替父亲吧。"于是贼兵以戈刺张绍祖，但戈在此时却变得钝挫无锋。贼兵都说："这是真正的孝子，不可伤害！"便释放了张绍祖父子。

救亲篇

妙笔点评

孟子曾言"孝子之至，莫大乎尊亲"，而这种尊亲之义最突出的表现就是当父母的生命受到威胁时，子女可以挺身而出担当保护父母的责任。上述几则故事中，几位主人公的父亲都曾面临死亡的危险，在危急时刻，是他们的儿子毅然决然地替父受死，以报答父亲的生养之恩。故事就是要以险境中的无畏抉择来表明亲子之间血脉相连的孝义之心可以经得起任何风险考验。而出人意料的结尾不仅是有趣的艺术化处理，更是对孝子救父的肯定和褒扬。因此真挚的孝道不仅是对父母恩情的报答，更是人性中最可宝贵的品质。

养亲篇

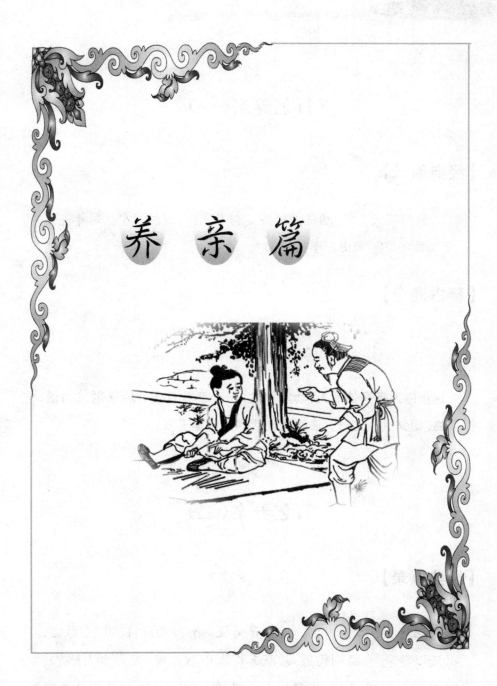

行乞养亲（一）

【经典原录】

越州应天寺僧，幼贫无以养。剃发乞食，以供晨夕。母年一百五岁而终。（《宋史·孝义传》）

【释古通今】

行乞养亲（一）

越州应天寺有位僧人，幼年家贫，无法奉养双亲。后来削发为僧，乞讨食物，朝夕供养父母。最终母亲活到一百零五岁。

行乞养亲（二）

【经典原录】

杨一武进圩桥人也。行乞养父母。所得食，虽极饥，不敢尝，必先以奉亲，有酒则跪进，跳跃起舞唱山歌以悦①之。乡人感②其孝，与③之金，雇为佣，不受④，曰："我亲何可一日离也。"亲死乞得棺，脱己衣。殓⑤之，严寒赤身勿恤⑥，葬于野，即露宿棺旁，日夜哀号,岁时拜献,未尝少缺。后于墓旁得金一穴,书曰:"天赐杨一。"遂致富。夫以乞丐之夫尚知孝亲,而格⑦天如此,等而上者,可不勉⑧乎?

【难点简注】

① 悦:使动用法。使父母高兴。

② 感:感念。

③ 与:给予。

④ 受:接受。

⑤ 敛:成殓。

⑥ 恤:在乎。

⑦ 格:感动。

⑧ 勉:劝勉。

【释古通今】

养亲篇

行乞养亲(二)

杨一是武进圩桥人,靠乞讨奉养父母。讨来食物后,自己即使很饥饿,也不敢吃,必定先给父母。如果有酒,杨一则跪地捧给父母喝 并且跳舞唱山歌以使父母高兴。乡邻感念其孝心,想花钱雇杨一为佣人。对此杨一婉言谢绝,他说:"我和父

母一天都不能分开。"父母去世,杨一用乞讨得来的棺椁殓殡双亲,并脱下自己的衣服为父母穿上,却不在乎自己赤裸上身于寒冷天气中。把父母安葬在荒野后,杨一就露宿在棺椁旁,日夜哭泣,按时拜祭,进献祭品,始终不曾耽误。后来杨一在墓旁的小坑中得到一些银子,写有"天赐杨一"四字,并凭此发家致富。作为乞丐的杨一尚且明白孝顺之理,使上天也深为感动。面对此事,那些更有身份的人难道不应该自勉吗?

✿✿✿✿✿✿✿✿✿✿✿✿✿✿✿✿✿✿✿✿✿✿✿✿✿✿✿✿✿✿✿✿✿✿

妙笔点评

儒家经典中的《中庸》曾援引孔子的话说:"顺乎亲有岛,反诸身不诚,不顺乎亲矣。"这句话的意思是孝顺父母是有原则的;有时需要扪心自问,反躬求己,若对双亲不是诚心诚意,也就不是孝顺父母了,即使给父母以锦衣玉食的生活,也无法使父母从其中得到生活的乐趣。"行乞养亲"故事中的父母,他们的生活虽然远不能说富足,恐怕有时连温饱都成问题,毕竟子女通过乞讨来的食物不能与锦衣玉食相提并论,但他们的精神却是非常满足。子女得到食物后,首先想到的是还在忍饥挨饿的父母,而且这些孝子千方百计地增加父母的生活乐趣,因此在他们心中,生活总是充满希望、蒸蒸日上的。即使现在的生活有些寒酸,但具有这样积极心态的一家总会看到未来光明的前景。其实父母对生活的外在要求并不苛刻,只是他们对精神层面的要求更为重要,而真正的孝子在此方面确实能够给父母以很大的安慰。因此这些对父母真心诚意照顾的孝子与那些只知饱食终日却丝毫不关心父母精神世界的伪孝子相比更值得后人的尊重和学习。

资亲喜悦

【经典原录】

云间颜文瑞赋①性孝友,自劲晨昏定省无间。年甫十三,即任②家事,以慰父母。及长,窥③亲意颇爱弟,悉④以田房让之,不取尺椽⑤寸土,娶杨侍讲女为室,氏事翁姑⑥益孝,奉膳问安,有余必请。亲膳毕,方敢就食。尝以银钱隐投亲笥⑦,随亲所喜而与之。凡米盐之人,必先及弟以悦亲心,四五十年如一日。后亲戚欲举公孝行,公坚却不许。

【难点简注】

① 赋:禀赋。

② 任:操劳。

③ 窥:暗中看出。

④ 悉:全部。

⑤ 椽:放在檩上架着屋面板和瓦的木条。

⑥ 翁姑:丈夫家的父母,俗称公公和婆婆。

⑦ 笥:盛饭或盛衣物的方形容器。

养
亲
篇

【释古通今】

资亲喜悦

云间的颜文瑞禀性孝顺,从小就每天早晚按时向父母请安,从不中断。刚到十三岁,颜文瑞就已分担家务,使父母深感欣慰。长大后,他发现父母很喜欢弟弟,于是就把全部的田地和房屋让给弟弟,自己却丝毫不取。后来颜文瑞娶杨侍讲的女儿为妻。过门后,杨氏对待公婆也很孝顺,为父母做饭并按时请安。若饭食很多,杨氏必定请公婆过来一起品尝,而且总是等老人用膳完毕,自己才吃。颜文瑞曾暗中将一些银子放在父母的钱盒内,并总是趁父母心情舒畅时才如此。每逢家中购进大米和食盐时,颜文瑞必先给弟弟一些,以使父母感到高兴。颜文瑞四五十年如一日都是如此持家。后来亲戚打算将颜文瑞的孝行上报官府,但他坚决推辞不许。

妙笔点评

有的子女依靠博取功名给父母争光,有的子女依靠提供锦衣玉食的富贵生活而使父母获得满足。但本故事中的颜文瑞则为读者展现了作为孝子的另一种范例。他虽然没有显赫的官职可以显亲扬名,也没有多余的钱财使父母过上奢华的生活,但他始终如一地在生活的细节方面使父母过得舒心愉悦,年纪轻轻便可分担家务,为父母分忧;照顾兄弟有加,使父母更加心情舒畅,而且还保证了家族内的安定团结。在古代,兄弟在家中为争宠而闹得不可开交是经常发生的事情。但本故事中的颜文瑞主动谦让,与家产分文不取。后来娶到高官侄女,颜文瑞依然保持低调,和善持家,妻子也能夫唱妇随,善待公婆。颜文瑞四五十年如一日,始终未曾与兄弟发生争吵,而父母也

养亲篇

在和谐的氛围中享受其乐融融的家庭生活。颜文瑞拒绝了亲戚向地方官上报其嘉行懿德的好意,这又表现了他如此行事的光明磊落,而与那些欺世盗名以图虚誉者判然分开。那些依靠突然的飞黄腾达而使父母过上优裕生活的人毕竟是少数,更多的人可能终生默默无闻,但他们依然可以在日常生活中很好地向父母尽孝,就像颜文瑞一样,只要处处尊亲敬亲,与兄弟和睦相处,孝道同样可以很好地实现。

负母游园

【经典原录】

　　明太宰杨巍。每朝参毕,闭门谢客,便服侍母侧。盥漱①卮盂②,搔摩扶掖,无不亲之。春彐方村装,缬③母夫人负之背,迤逦④行花丛中,婆娑⑤香荫,欢娱竟⑥日,旋以养母乞归。母寿至一百四岁。

【难点简注】

① 盥漱:名词作动词,洗脸漱口。

② 卮盂:原指酒杯痰盂,此处是名词作动词,泛指指端茶倒水。

③ 缬:有花纹的衣服。

④ 迤逦:曲折连绵,多用于书面语。

⑤ 婆娑:盘旋,多指舞蹈。

⑥ 竟:从头到尾,全。

【释古通今】

负母游园

明代有位太宰叫杨巍,每当上朝结束后,他就闭门谢客,换上便装服侍母亲。为母亲洗脸漱口,端茶倒水,挠痒扶助,杨巍无不亲力亲为。春天,杨巍身着普通村民的衣服,背着换上花色衣服的母亲,高兴地游览穿行在充满鲜花芳香的林荫道中,整天都感觉非常欢快。不久杨巍告老还乡照顾母亲。在他的精心照料下,杨母活到一百零四岁。

养亲篇

妙笔点评

古往今来,贤达之人都以事亲之道为大孝。与"争代父死"的故事相比,这几则故事虽然没有那种危急时刻奋不顾身的震撼人心,但主人公侍奉父母的尽心竭力更如生活中的暖流滋润人心,让我们深切体会到作为孝子的深情厚义。其实生活原本就是平凡无奇的,但要是能在这种平凡之中始终坚持对父母的孝心,使父母可以饥则食,寒有衣,享受到其乐融融的天伦之乐,这就更显出人生的不平凡。故事中的孝子养亲虽然没有"爱之欲其富,亲之欲其贵"的功利目的,但他们最终所得到的报偿无疑是丰厚的。这并非他们刻意追求的结果,而是孝道大义值得肯定和弘扬的必然结果,因此,我们的人生价值是可以在平凡的家庭生活中创造出来的。

卅年不倦

【经典原录】

宋郭琮事母极恭顺,娶妻有子,移居母室。凡母之所欲,必亲奉之。居常不过中食①,绝饮酒茹②荤③者三十年,以祈母寿,年百岁,耳目不衰,饮食不减,乡里异④之。至道三年,诏书存恤孝弟,转运使状琮事以闻,有诏旌表门闾,除其徭役⑤。明年母无疾而终。

【难点简注】

① 中食:普通的饭食。

② 茹:吃。

③ 荤:指鸡鸭鱼肉等食物。

④ 异:意动用法。以之为异。

⑤ 徭役:古代统治者强制人民承担的无偿劳动。

【释古通今】

卅年不倦

宋代的郭琮对母亲极为恭顺,娶妻生子后,便移居到母亲的住处。凡是母亲想要的,郭琮都会满足,而他自己平时的饮食却很节省。为了给母亲祈求长寿,郭琮戒酒戒吃荤食已经三十年了。郭母虽然年岁过百,但耳聪目明,饮食量也没有减少,周围的乡邻对此都很惊异。至道三年时,皇帝诏告天下要抚恤那些孝顺之人,当地的转运使便把郭琮的事迹上报朝廷,因此,郭琮一家受到旌表,并被免除徭役。第二年,郭母无疾而终。

五十年不离

【经典原录】

> 顾忻以母疾,荤辛①不入口者十载。鸡初鸣,具②冠带,率妻子诣母室,问所欲,如此五十年,未尝离左右。母老目不能睹物,忻日夜号泣祈天,刺血写供佛经数卷。母目忽明,不烛③能缝纫,九十余无病而终。(《宋史·孝义传》)

【难点简注】

① 辛:形容词作名词,指辛辣的食物。

② 具:穿戴整齐。

③ 烛:名词作动词,指用蜡烛。

【释古通今】

五十年不离

顾忻因母亲生病而十年不吃荤腥和辛辣的食物。每天公鸡刚报晓,顾忻就穿戴好衣服,与妻子儿子去母亲房间,看母亲有何吩咐,顾忻像这样坚持了五十年,始终没有离开母亲身边。后来母亲年迈视力不济,看不清东西,顾忻为此日夜哭泣,并刺破皮肤,用鲜血书写了数卷佛经,为母亲祈福,果然母亲的视力突然恢复,不用借助烛光便能缝纫东西,九十多岁时无疾而终。

妙笔点评 这两则故事都是突出了孝子对母亲数十年如一日的辛勤照料。他们舍弃了对自己生活本来很有价值的很多追求,将自己的全副身心投入到侍奉母亲的事情上去。以绝食荤辛之物来为母亲祈寿,每日必穿戴整齐去请安问询,尽量满足母亲生活上的所有需要,甚至当母亲病重时,不惜以自己的鲜血来书写佛经以示期望母亲痊愈的诚意,其恭顺之情不言而喻。做一个孝子不易,而做一个始终如一的孝子更难。因此孝子的这种坚持也换回了情感上的丰厚回报,母亲享高寿,门风得到社会的肯定。这些故事就是要以充满善意的因果联系来弘扬孝悌这一家庭人伦中最亲切的情感。

手不驱蚊

【经典原录】

晋吴猛少有孝行,夏日手不驱蚊,惧其去己而噬亲也。

【释古通今】

手不驱蚊

晋代的吴猛从小就很孝顺。夏天时,他由于担心蚊子离开自己后会去父母身边,因此并不驱赶它们。

扇枕温被（一）

【经典原录】

后汉黄香九岁失母，思慕惟切，乡人皆称其孝。躬执勤苦，事父尽孝。夏天暑热，扇凉其枕簟^①。冬天寒冷，以身温^②其被席。太守刘护表^③而异之。

【难点简注】

① 簟：竹席。

② 温：形容词作动词。指温暖。

③ 表：名词作动词，指上表。

【释古通今】

扇枕温被（一）

东汉的黄香九岁时失去母亲，故而非常思念，乡人为此都称赞他的孝心。后来黄香不辞辛苦、非常孝顺地照料父亲。夏天炎热时，黄香就用扇子给枕席降温。冬天寒冷时，他就先用自己的身体温暖父亲的被褥。当地太守刘护上疏朝廷，称赞黄香的孝行。

扇枕温被(二)

【经典原录】

王延九岁丧母,泣血三年,几歪灭性。每至忌日①,则悲啼一旬②。事亲色养③,夏则扇枕席,冬则以身温被。隆冬盛寒,体无全衣,而亲极滋味。昼则佣赁,夜则甬书,遂究览经史,皆通大义。(《晋书·孝友传》)

【难点简注】

① 忌日:先辈去世的日子。

② 旬:十天的时间。

③ 色养:日常生活的起居。

【释古通今】

扇枕温被(二)

王延九岁时,其母去世。他为此哭泣三年,悲伤过度以至差点危及生命。每当母亲忌日,王延总要哭泣十天。他对父亲起居的照顾极为周到,夏天扇凉枕席,冬天则用身体温暖父亲的被褥。隆冬时节,天气寒冷,王延虽衣不蔽体,但父亲的生活极有滋味。王延白天外出做工,晚上读书学习,他就是这样遍览经史,明白了做人的道理。

躬扶父舆

【经典原录】

晋孙晷为儿童未尝被呵怒，长恭孝清约，父母起居饮食，虽诸兄亲馈①，而不离左右。父难于风，波每行乘篮舆②，躬自扶持，所诣之处，则于门外隐息，不令主人知。父尝笃③疾经年，晷扶持不倦，药石甘苦，必经心目，跋山涉水，祈求恳至。司空何充，司徒蔡谟辟④为掾属，并不就。（《晋书·孝友传》）

养亲篇

【难点简注】

① 馈：馈赠。

② 篮舆：古代指竹轿子。

③ 笃：病势沉重。

④ 辟：帝王或高官召见并授予推荐官职。

【释古通今】

躬扶父舆

西晋的孙晷小时候没有被父母呵斥过，长大后极为恭敬孝顺、清正俭约。即使有兄长照顾父母的起居饮食，孙晷也依然服侍左右。父亲中风后活动不便，每次出行时，孙晷都会亲自搀扶父亲。无论父亲走到哪里访客,孙晷就在门外等候,不让主人知道。父亲曾经罹病时间很长,孙晷便不辞辛劳地照顾老人,不论药物是甜是苦 孙晷都会事先检验,而且他还跋山涉水,到处虔诚地为父亲祈福。后来司空何充和司徒蔡谟都将孙晷推荐他为官,但他都未赴任。

为亲涤溺

【经典原录】

> 石建事亲孝谨,为中郎令,每五日洗沐归,谒①亲,取亲中裙厕牏②,身自浣涤③。(汉文)

【难点简注】

① 谒:拜谒。

② 中裙厕牏:古代指贴身内衣。

③ 浣涤:洗涤。

【释古通今】

为亲涤溺

石建对父母很孝顺。作中郎令时,石建每隔五天都会在沐浴后回家看望双亲,并亲自为父母洗贴身内衣。

养
亲
篇

为母涤溺

【经典原录】

宋黄庭坚字鲁直,号山谷。元祐中,为太史。性至孝,身虽贵显,奉母尽诚。每夕亲涤溺器①,未尝一刻不供子职。

【难点简注】

① 溺器:古代指马桶。

【释古通今】

为母涤溺

宋代的黄庭坚字鲁直,别号山谷。元祐年间,黄庭坚担任太史之职。他平日非常孝顺,虽然身份显贵,但依然尽心侍奉母亲,每天晚上都会亲自为母亲刷洗马桶,恪尽作儿子的职责。

妙笔点评

历史上的孝子形态各具特色,有的是关键时刻的救危拯溺,有的是始终如一的坚持不懈,这些故事都让我们略其行而取其神,着重展现出孝子不同凡俗的道德品格,而对他们在生活中的所作所为无法作面面俱到的描绘。"扇枕温被"这几则故事是以孝子的典型事例为描写对象,主要笔墨放在他们所作的一些小事上,通过以小见大来让读者体会到孝子在平凡生活中的闪光之处。这种艺术处理可以使我们更加贴近孝子平凡的一面,或关心父母的日常生活,或通过小事反映孝子的纯孝精神,或窥一斑而见全豹,这种焦点透视的写法使读者对孝子的生活和精神世界有了更加直观的认识和深刻的体会。其实,孝子并非是高不可攀的,他们就生活在我们身边。只要我们从平凡处关心父母的生活,那么人人皆可为孝子。

外宿归侍

【经典原录】

> 汉薛包好学笃行。父娶继母,憎包逐出。包不得已,庐①舍外,旦②日,入舍内洒扫服劳,晚宿里门,晨昏问安。岁除③,父母感悟,命还,及父母亡,哀痛成疾。诸弟求分财,包不能止,如弟所欲,奴婢引其老弱者,曰:"与吾共事久,使令所熟也。"器物取其朽败者曰:"吾素所使用,身口所安也。"田产取其荒芜者曰:"吾少时所治,意所恋也。"后诸弟不能自立④,包复赈给。安帝闻其名,征拜侍中,不受,赐穀千担。

【难点简注】

① 庐:名词作动词,指居住。

② 旦:天亮时。

③ 除:岁末。

④ 自立:自力更生。

【释古通今】

外宿归侍

　　汉代的薛包勤于治学,品行端正。其父所娶的继母因憎恶薛包而把他赶出家门。薛包不得已,只好住在外面。每天清晨,薛包都会回家扫地洒水,劳作家务,晚上就睡在里门内,并且还早晚向父母请安。经过一年,父母深受感动,接回了薛包。父母去世时,薛包悲痛欲绝。此时薛包的几个弟弟请求分割家产,无奈之下,薛包只得答应他们的要求。挑选奴婢时,薛包专拣年老体弱的,他说:"我与他们共事已久,彼此熟悉。"分割家中物品时,薛包所选都是那些破败不堪的,他解释说:"这是我经常使用的,因此与我配合更安全妥当。"而薛包挑中的土地也是大多荒芜贫瘠,对此他说:"我从小就在这些土地上耕种,所以是情感留恋之所在。"分家之后,几个弟弟无法独立生活,薛包又经常接济他们。汉安帝听说薛包的事迹,便征召薛包拜为侍中,但薛包并未赴任,安帝改赐稻谷千担给他。

＊＊＊＊＊＊＊＊＊＊＊＊＊＊＊＊＊＊＊＊＊＊＊＊＊

妙笔点评

　　父慈子孝历来是我国传统文化的重要组成部分,其中对父子在行为方式的规范得到了历代民众的普遍认同。一个和谐家庭氛围的形成不仅需要子女竭尽全力地尽孝,也需要父母对子女的慈祥态度,这两个方面是相辅相成的。可是当父母未能尽到做父母的责任时,子女依然能宽容相待,这就是一种更值得肯定的品质。本故事的薛包饱受继母歧视和刁难,但他并未受此影响,还是尽心尽力地操持家务,早晚向父母请安,最终靠自己的一片真诚孝心赢得了父母的良心发现。后来在分割家产时,薛包又有意谦让兄弟而自己吃亏。当旁人表示不解时,虽然他总是以一些冠冕堂皇的理由予以搪塞,但于这些话语中明显可以看出薛包维护家庭和睦的一片良苦用心。"海纳百川,有容乃大",正因为薛包有着如大海般宽广的胸怀,才能时时以家庭为重,对父母始终如一地尽孝,即使受到伤害也能淡然处之。在父母过世后,更能显出身为家中长兄的大度风范,没有斤斤计较于家产的争夺,而是处处谦让,接济弟弟们的生活。可见,孝心是一种宽广的胸怀,它可以包容一切不平之事,使人们正确面对未来的生活。

负米百里

【经典原录】

《家语》子路见孔子曰:"昔者由也事二亲之时,尝食藜藿①之食,为亲负②米百里之外。亲没之后,南③游于楚,积粟④万钟,列鼎⑤而食,愿欲食藜藿,为亲负米,不可得也。"子曰:"由也,事亲可谓生事尽力,死事尽思者也。"

养亲篇

【难点简注】

① 藜藿:粗劣的饭菜。

② 负:背负。

③ 南:名词作状语,向南。

④ 粟:谷子、玉米。

⑤ 鼎:古代煮东西用的器物。

【释古通今】

负米百里

《孔子家语》中记载,有一次,子路遇见孔子时说:"过去我照顾父母时,自己吃粗粮杂食,从百里之外背大米回家送给父母。双亲去世后,我游历南方,现在家业鼎盛,粮食满仓,此时再想如从前那样吃粗食,为父母背米,是不可能了。"孔子说:"子路,孝顺父母之道是双亲在世时子女尽心尽力照顾,双亲去世后子女还能不断地思念他们。"

杀鸡供母

【经典原录】

汉郭泰寓①茅容家。容杀鸡作馔②,泰意为己设,既而供母,自以草蔬与客同膳③。郭泰起拜曰:"卿贤乎哉!"因劝令学,卒以成德。

【难点简注】

① 寓:住宿。

② 馔:饭食。

③ 膳:膳食。

【释古通今】

杀鸡供母

汉代的郭泰借宿于茅容家时,看到茅容杀鸡做饭,便以为这是专门为自己做的。后来却发现原是供给茅家母亲的,而茅容与客人同以蔬菜为膳食。郭泰起身叩拜说:"您真贤德啊!"郭泰因此劝勉自己学习茅容,成为一个德行高尚之人。

怀橘遗母

【经典原录】

后汉陆绩年六岁，于九江见袁术。术出橘待之，绩怀橘二枚。及[1]归，拜辞，橘坠地。术曰："陆郎作宾客，而怀橘乎？"绩跪答曰："吾母性之所爱，欲归以遗之。"术大奇[2]之。

【难点简注】

① 及：等到。
② 奇：意动用法。感到惊奇。

【释古通今】

怀橘遗母

东汉的陆绩六岁时，到九江见袁术。袁术拿出橘子招待陆绩，陆绩却暗中将两个橘子揣入怀中。等到要回去时，陆绩叩拜辞别袁术，怀中的橘子不经意间掉了出来。袁术说："您作为宾客，难道要将橘子偷入怀中吗？"陆绩跪地回答："我的母亲喜欢吃橘子，这是想给她老人家带回去的。"袁术对此大为惊叹。

养亲篇

省食遗母

【经典原录】

陈史徐孝克性至孝。每侍宴,无所食啖①,还以遗②母。

【难点简注】

① 啖:吃或给别人吃。

② 遗:送给。

【释古通今】

省食遗母

陈史徐孝克品行非常孝顺。每次参加宴请,自己什么都不吃,而把饭菜带回家给母亲。

珍味先母

【经典原录】

李昙少孤,继母严酷,事之愈谨①。妻子寒苦,执劳不怨,得四时珍味,先进母。与徐稚、姜肱、袁闳、京兆韦著为五处士②。昙为乡里所称法,养亲行道,终身不仕。

【难点简注】

① 谨：谨慎。
② 处士：原来指有德才而隐居不愿做官的人，后来泛指没有做过官的读书人。

【释古通今】

珍味先母

李昙幼年时母亲去世，继母待他很严厉，因此李昙对继母非常谨慎。其妻子和儿子生活艰难，任劳任怨。每当有美味佳肴，李昙总是先留给母亲。李昙在当时不仅与徐稚、姜肱、袁闳、京兆韦著并称五处士，还得到乡邻的赞许，最终李昙奉养老人，坚守道义，终身没有为官。

中国传统文化中强调孝道的基本要求是子女必须以一颗赤诚之心赡养父母。同时在养亲与尽孝的关系上，古人曾有深刻的认识。普通的养亲在古人眼中并不是孝行，只有出于对父母的敬爱之心赡养父母才是真正的孝行。换言之，就是有真心，即使只能满足父母的基本生活，这也是真正的孝行。相反，如果没有发自内心的感激，即使让父母过上锦衣玉食的生活，这也算不得孝行。看一个人孝还是不孝，主要看他是否做到尊亲，是否有孝心。古人曾有副对联说："百善孝为先，原心不原迹，原迹贫家无孝子。万恶淫为首，论迹不论心，论心世上少完人。"这里的心是指心理动机，迹就是实际行为。由此看来，孝是尊亲和养亲，养亲是孝的外表，尊亲是孝的实质，尊亲必定养亲，养亲未必尊亲，养亲易而尊亲难。上述几则故事中，孝子对父母的赡养始终是怀着恭敬之心，把美味佳肴留给父母，而自己省吃俭用，其中透露出的不仅是食物上的差别，更重要的是孝子对父母的那一份至诚之

养亲篇

意。所以从对待父母的心意角度来看,这些子女的精神符合真正的孝道。

忍痛侍母

【经典原录】

刘敦儒家东都,母病狂易,非笞挞①人不能食,左右皆亡去②。敦儒日侍疾,体常流血,母乃能下食。敦儒怡然不为痛,母丧毁瘠③几死。后为起居郎,时称刘孝子。(《唐书·刘子元传》)

【难点简注】

① 笞挞:鞭打。

② 亡去:逃走。

③ 毁瘠:悲痛欲绝的样子。

【释古通今】

忍痛侍母

刘敦儒家住东都洛阳,其母饱受病患折磨,精神失常,犯病狂暴时必先鞭打旁人后才能吃饭,因此左右仆人都离家而去,唯独剩下刘敦儒每天伺候罹病的母亲,经常被母亲打得身体流血,这样母亲才能吃饭,刘敦儒却对此不以为意。

母亲去世时,刘敦儒悲痛欲绝差点昏死过去,后来他任起居郎之职,被世人称为刘孝子。

孝感恶母

【经典原录】

> 阎缵少好游,英豪多所交结,博览典籍,该通①物理。父卒②,继母不慈,恭事弥谨,而母疾之愈甚. 诬盗父时金宝,讼于有司,遂被清议③,十余年无怨,孝谨不怠。母后意解,更移中正④,乃得复品⑤。

【难点简注】

① 该通:通晓。

② 卒:去世。

③ 清议:东汉后期至魏晋,当时的社会名流对政治或政治人物的议论。

④ 中正:东汉后期至魏晋时,对当时政治和社会舆论起主导作用的一些士人,主要是当时的一些世家大族中人。

⑤ 品:东汉至魏晋时期,当时社会流行对士人进行品评以定品级,并和官职授予密切相关. 时称"九品中正制"。

【释古通今】

孝感恶母

阎缵年轻时喜欢到处游览,与许多英豪志士交结为友,且博览群书,明晓人情物理。父亲去世后,继母对待阎缵很刻薄,因此阎缵更加谨慎地伺候继母,这使继母愈加讨厌阎缵。后来继母诬陷阎缵偷盗父亲的金宝,并上告官府,这样阎缵就被通过清议降低品级,但阎缵十余年没有怨言,依然孝顺继母,丝毫无怠。继母为此深感惭愧,再次向中正提出请求,才使阎缵恢复品级和名誉。

✻✻✻✻✻✻✻✻✻✻✻✻✻✻✻✻✻✻✻✻✻✻✻✻✻✻✻✻✻✻

妙笔点评

在处理人际关系时,大家一向讲求平等相待。因此当双方发生矛盾时,如果有人能大度地懂得谦让,甚至以德报怨,那么此人一定达到很高的精神境界。其实处理家庭成员的关系也会有同样的情况,上述两则故事的主人公都是具有这样的崇高品德的孝子。刘敦儒是在忍受被无辜鞭打的危险而照顾久病的母亲,其对母亲的诚挚之意不禁令人潸然泪下。阎缵则是面对继母的百般刁难而依然孝谨,其以德报怨的精神最终使继母回心转意。因此经历再次组合的家庭能度过危机四伏的阶段,这首先应归功于阎缵克制忍让的谦谦君子之风和对孝道的始终坚持。其实这两则故事告诉我们一个朴素而深刻的道理,孝道的价值不仅是我们表达对父母感激之情的最佳方式,更可以使家庭成员和睦相处,关系融洽,甚至把一些看似不可调和的矛盾瞬间消弭于无形。

养亲篇

舌耕奉父

【经典原录】

顾态性至孝。父娶妾,生二子而薄①态。态孝愈笃,以舌耕②为业。每岁束修③,悉以奉父,毫不敢私。庚子馆于张氏,张知其孝也,故试之。开馆之日,既先与束修之半,谓曰:"今日之与,尊翁不知也。此处适有田卖,宜买之 至秋收,可得租米,以济私用。"态曰:"不可。岂为几斛④米,改其心,而欺吾父哉!"卒⑤持以奉父。

【难点简注】

① 薄:形容词作动词,冷淡。
② 舌耕:依靠教书谋生。多用于书面语。
③ 束修:即干肉,指古代送给教师的报酬。
④ 斛:旧量器,方形,口小,底大,容量本为十斗,后改为五斗。
⑤ 卒:最终。

【释古通今】

舌耕奉父

顾态生性孝谨。其父娶妾后,此妾生下两个儿子,故而父亲逐渐冷淡了顾态。但顾态对父亲更加孝顺,并以教书为业。每年收齐学生上交的学费后,顾态都会如数送给父亲,不敢私藏。庚子年,顾态在张氏的馆驿开班办学,张氏知道顾态的孝顺,便故意试探他。开学当天,张氏先付给顾态一半学费时说:"今日所给,你父亲不知道。这里最近刚好有田要卖,价格合适,宜于购买。如果你买下并租出去,等到秋收,便可得到租米,这可作为你个人之用。"顾态却说:"不可,岂能为几斛米而改变自己的心志,还因此欺骗父亲呢!"最终顾态还是把学费如数交给父亲。

妙笔点评

孔子曾言:"父在,观其志;父没,观其行,三年不改于父之道,可谓孝矣。"这话的意思是,父亲活着的时候,观察儿子的志向与父亲的志向是否保持一致,父亲死了以后,观察儿子的行为是否有悖于父亲的意志,三年不改变父亲生前立下的规矩,这才是孝,当然这里的前提是父亲的志向一定是好的。本则故事中,顾态在坚持父道这一点上与孔子所言相符,而要达到这个目标所面对的困难则远非孔子所能尽言。他不仅要克服家庭内部的重重阻力,还要抵御旁人的诱惑。即便如此,顾态仍能不为所动而坚持对父亲的孝道。由此可见,作为一种崇高价值追求的孝道是要超越很多世俗的压力和诱惑方可达到,对这种追求的坚持更需要很高的意志品质。因此孝道的内涵可以包括中华民族的很多优良品质,比如此故事中顾态的诚实和坚韧。

养亲篇

侍疾篇

未尝解衣

【经典原录】

李密事祖母刘氏以孝谨闻。刘有疾,则涕泣侧息,未尝解衣,饮膳汤药,必先尝后进。暇则讲学忘疲。泰始初征为太子洗马,以刘年老不应,上疏自陈。武帝嘉其诚,款赐奴婢二人,使郡县供其祖母奉膳,服阙①,复以洗马征②,再迁汉中太守。

侍疾篇

【难点简注】

① 阙:完毕。

② 征:征召。

【释古通今】

未尝解衣

李密非常孝顺祖母刘氏。每当刘氏身患疾恙,李密都哭泣地侍候在其身边,照顾期间衣不解带。老人所需的汤药,李密总是先尝,再递给祖母。闲暇时,李密授徒讲学,乐而忘疲。泰始初年,李密被召辅佐太子,因祖母年迈而没有应诏,并上书说明原因。武帝为嘉奖李密的诚心,赐予他奴婢二人,并让郡县官府负责供养李密祖母的膳食开支。祖母去世,李密料理完丧礼后,再次被征召辅佐太子,后来做到汉中太守。

衣不解带

【经典原录】

南宋郭世道侍父及后母孝,负土成坟,赗①助所受,佣赁赔偿,仁厚之风,行于乡党②,莫有呼其名者。宋太祖敕表闾门,名其里曰"孝行里"。子原平又禀③至性,父疾弥年,衣不解带,口不尝味④,积寒暑,未尝睡卧。

【难点简注】

① 赗:以财物助人办丧事。

② 乡党:乡里,家乡。

③ 禀:禀性,性格。

④ 味:形容词作名词,好吃的、有味道的东西。

【释古通今】

侍疾篇

衣不解带

南宋的郭世道对父亲和后母非常孝顺。双亲去世后,郭世道亲自搬运土石,建造父母的坟墓,并且外出做工,以偿还父母丧葬时乡里所借贷的钱物。其仁厚之风,为乡邻所称颂,没有人直呼郭世道的名字。宋太祖下诏旌表郭世道,为其乡里题名"孝行里"。后来郭世道的儿子原平也十分孝顺,父亲患病多年期间,原平未尝解衣,没有吃过一顿好饭,无论寒暑,从没有睡过安稳觉。

夜不解带

【经典原录】

> 梁江纤有孝行，父患眼①，纤侍疾期月②，夜不解带。梦一僧云："患眼者饮慧眼水必瘥③。"及觉说之，莫能解者，乃舍宅为寺，乞智者法师赐寺名，敕云"纯臣孝子，往往感应。卿感梦慧眼，可以为寺名"。及建筑，泄故水井，清冽异常，取水洗眼，并煮药，遂瘥。

【难点简注】

① 眼：眼疾。

② 期月：一个整月。

③ 瘥：病症痊愈。多用于书面语。

【释古通今】

夜不解带

梁江纤孝行可嘉。其父曾患眼疾，梁江纤侍候了一个月，晚上不解衣带，和衣而卧。有一天他梦见一个僧人说："患眼疾的人须喝慧眼水才能痊愈。"醒来后，梁江纤告诉其他人，但无人理解其中意思。于是梁江纤把家宅改为佛寺，并请智者法师赐寺名。法师回信说："忠臣孝子往往会有一些心灵感应。你能在梦中知道慧眼水的秘密，可以以此为寺名。"寺院建成后，原来的水井再次流出泉水，而且非常清冽。梁江纤取泉水为父亲洗眼,辅以汤药,父亲的眼疾便痊愈了。

不离左右

【经典原录】

侍

疾

篇

任尽言事母至孝。母老多疾 未尝离左右。思母得疾之由,或以饮食,或以燥湿,或以言语稍多,或以忧喜稍过。于是朝暮候亲,无毫发不尽,五脏六腑中事,皆洞见曲折,不待切脉①而后知,故用药必效。张魏公欲辟之,乃辞曰:"尽言今使得一神丹,可以长生,必持以遗母,不以献公也,况怎舍母而与公军事耶?"

【难点简注】

① 切脉:中医指诊脉。

【释古通今】

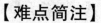

不离左右

任尽言十分孝顺母亲。他的母亲年迈多病,任尽言始终没有离开,平日常思考母亲生病的原因,有时庄于饮食,有时由于天气干燥或者潮湿,有时由于言语稍多,有时由于情绪激动。于是任尽言朝夕陪伴母亲身边,照顾得无微不至,对母亲的身体反应能洞察秋毫,甚至不用诊断便可知晓,因此所开药方非常有效。张巍公打算重用任尽言,但任尽言推辞说:

"如果我有幸得到一粒可以长生的神丹,那么我会毫不犹豫地送给母亲,而不会献给您,因此我怎能答应您的要求而舍弃母亲呢?"

＊＊＊＊＊＊＊＊＊＊＊＊＊＊＊＊＊＊＊＊＊＊＊＊＊＊＊

妙笔点评

中国有句古话:"久病床前无孝子",这是说很多子女无法对一直久病卧床的父母坚持孝道。其实针对这句话,我们可以反过来做更深的理解,那就是如果面对久病卧床的父母而能够始终如一、善始善终地加以照料,那么这样的子女可谓是真正的孝子。这在我们的生活中不乏其例,上述几则故事就是着力突出了主人公对父母尽孝的始终如一、无怨无悔。有的孝子衣不解带地陪伴在父母身边,有的孝子是以无微不至的照顾回报父母的养育之恩,他们都在照顾父母的过程中坚定地实践着儒家文化所总结的传统美德,而且这种朝夕相伴的生活也日益加深了子女和父母之间历久弥笃的感情,以至于有的孝子可以对父母的病症洞察秋毫,这说明他们之间的交流已经是一种超越了普通层次的心有灵犀,这是对孝道的一种审美呈现。正基于此,这些故事的主人公没有让这种精神停止,而是在家族内部得到了很好的继承。当后世的读者不禁为此啧啧赞叹时,更应该理解到"久病床前"不是"无孝子",而是对真假孝子的最好检验,而真正的孝子会始终守在久病的父母床前。而那些前恭后倨以取虚誉的假孝子们看到这种真诚的表达,他们所能做的只能是汗颜以对。

侍
疾
篇

为母吮疽

【经典原录】

　　章邱陈孝子母患股疽①,彻夜呻吟,孝子号泣吁②代,终夜扶持,衣不解带者年余。医者以此症无药可治,为吮③之其痛可减。孝子即每日口吮数次,不以为秽。家贫,除供母甘旨④外,日食糠秕⑤,后其病愈。

【难点简注】

　　① 疽:中医指局部皮肤肿胀坚硬而皮色不变的毒疮。

　　② 吁:为某种请求而呼喊。

　　③ 吮:吮吸。

　　④ 甘旨:美味佳肴。

　　⑤ 糠秕:又称秕糠,泛指粗劣的饭食。

【释古通今】

为母吮疽

　　章邱陈孝子的母亲腿部生疮,疼痛难忍,彻夜呻吟。陈孝子仰天哭泣,请求替母受过,整夜陪伴母亲,一年多来都是和衣而卧。医生对此病无能为力,告诉陈孝子只能吮吸伤处,方可减缓疼痛。于是陈孝子每天吮吸数次,并不嫌弃伤处的污秽,以此减轻母亲的病痛。陈家贫困,除供给母亲美食外,陈孝子总是以粗劣的饭食度日。后来母亲终于病愈,并享高寿。

为母吮痈

侍
疾
篇

【经典原录】

　　元孙瑾父丧,载枢渡江。潮波方涌①,俄②顺风翼③帆,如履④平地。事母以孝,母患瘫⑤,瑾吮之愈。丧目,舐之复明。卒后将葬时,苦⑥雨。瑾夜号天乞霁⑦。至旦,云开日朗。甫掩圹⑧复雨,数日不止。

【难点简注】

①　涌:汹涌澎湃。

②　俄:时间很短,突然间。

③　翼:使动用法,使风帆如飞翔的翼一样。

④　履:踩,走。

⑤　瘫:瘫痪。

⑥　苦:意动用法,以之为苦。

⑦　霁:雨后或雪后转晴。

⑧　圹:墓穴、原野。

【释古通今】

为母吮痈

　　元代孙瑾之父去世，孙瑾扶着灵柩返回。途中经过长江时，虽然江水汹涌，但孙瑾之船顺风而行，如履平地。孙瑾对母亲也很孝顺，母亲曾因腿部生痈而瘫痪，孙瑾吮吸伤口才使母亲病愈。后来母亲失明，孙瑾舔母亲之目，母亲得以复明。母亲去世将要安葬时，孙瑾苦于大雨不止，难以进行葬礼，悲伤之极时在夜里仰天哭诉，乞求天气放晴。果然，等到早晨，云开雨散，天气晴朗。葬礼结束后，雨又下了起来，而且连续几天都没有停止。

❊❊❊❊❊❊❊❊❊❊❊❊❊❊❊❊❊❊❊❊❊❊❊❊❊❊❊❊❊❊❊❊❊

妙笔点评

　　中国古代的孝子故事经常会出现很多令人难忘的镜头，如这几个故事中的孝子，他们有时"为母吮痈"以减轻母亲的痛楚，有时又为母舔目而使母亲原本失明的双目重见光明，他们的所作所为非常人所能理解，而他们的行动所包含的价值又非我们的言语可以完全表达。之所以如此，是因为这些孝子认为自己对父母的感激之情自然促使他们要这么做。从这个意义上来理解，我们对这些孝子的赞美又岂是常言可以传达！可能会有人认为这些孝子的行为显得极端化而不可理解，其中舔目复明的结局还有些荒诞不经，但我们所要做的是略细节而重精神，以貌而取神，这样就可以看到故事中对我们最有启迪的地方，那就是促使这些孝子如此行事的那颗对父母的感激之心。此点说明这些故事与前面的"衣不解带"等故事有异曲同工之妙。如果说前面的"衣不解带"等数则故事是从孝子对父母照顾的时间之长来表现出孝子的诚心，那么这几则故事是以一种典型化的事件来突出孝子对父母非同寻常的感情。因此前面的故事仿佛是潺潺流水滋润着读者的心灵，而这几个故事则如澎湃的激潮令读者的精神为之一振，当然这两类故事对我们读者的作用和影响都将是长久的，这即是两类故事的"同工"之处。

为父舐目

【经典原录】

　　元王思聪父病剧①，思聪拜祈于天，额膝皆成疮②。得神泉，饮之，愈。后失明，思聪舐之，即能视。

【难点简注】

　　① 剧：加剧。
　　② 疮：皮肤上或黏膜上发生溃烂的疾病。

【释古通今】

　　　　　　　　　　为父舐目

　　元代王思聪的父亲病情加剧，思聪为此叩拜祈求上天，致使额头和膝盖都生出疮症，后来得到神泉，思聪的父亲饮用后便痊愈了。其后，思聪的父亲失明，思聪舐其目，父亲随即复明。

母盲复明(一)

【经典原录】

晋盛彦母王氏,因疾失明。彦不应辟召①,躬②自侍养,母食必哺③之。母疾久,婢数④见捶挞⑤,婢忿恨⑥,伺彦暂行⑦,取蛴螬⑧炙饴⑨之。母疑其异物,密藏以示彦。彦抱母恸哭,母目豁然⑩即开。后仕吴之中书侍郎。又南史陈遗因乱逃窜,与母相失,母哭泣失明。遗还号痛,母豁然而明。又宋王翰母丧明,翰抉⑪右目睛补之,母目明如故,召赐粟帛。

又金刘政性笃孝,母丧明。政每以舌舐之,逾旬,母能视物。

侍疾篇

【难点简注】

① 辟召:征召荐举。

② 躬:亲自去做。

③ 哺:喂食。

④ 数:屡次。

⑤ 捶挞:用拳头敲打。

⑥ 忿恨:心中怨恨。

⑦ 暂行:短时外出。

⑧ 蛴螬:金龟子的幼虫,白色,圆柱状,向腹面弯曲。生活在土里,吃农作物的根和茎,是害虫。

⑨ 饴:名词作形容词,原指饴糖,此指味道甜的。

⑩ 豁然：形容开阔通达。

⑪ 抉：剔出、剜出。

【释古通今】

母盲复明（一）

晋代盛彦的母亲王氏患眼疾而失明。盛彦因此没有应诏出仕，而是在家服侍母亲。母亲吃饭时，盛彦必会亲自喂食。母亲患病已久，有个奴婢几次受到老人的捶挞，因此怀恨在心，等盛彦离家出行后，便将烤好的甜蛴螬给老人吃。母亲怀疑食物有问题，于是秘密地藏起来，并拿给盛彦看。盛彦知道后抱着母亲痛哭流涕，此时母亲突然复明。后来盛彦成为吴国的中书侍郎。《南史》载陈遗躲避战乱而逃离家乡，期间与母亲失散。母亲因此而伤心哭泣，致使双目失明。后来陈遗返回，与母亲拥抱痛哭。此时母亲的眼睛却突然复明。

宋代王翰的母亲眼睛失明，王翰以自己的右眼给母亲补上，使母亲复明。后来朝廷赐予王翰米粟棉帛，以示褒奖。

金代的刘政生性非常孝顺，其母双目失明。刘政便经常用舌头舔母亲的眼睛。十日后，母亲便能看见东西了。

母盲复明（二）

【经典原录】

刘政性笃孝，老母丧明，政每以舌舔母目，逾旬，母能视物。母疾昼夜侍侧,衣不解带,刲①股②肉啖之者再三。母死,负土起坟,乡邻欲佐其劳,政谢之。葬之日,飞鸟哀鸣,翔集邱木间,庐于墓侧者三年。防御使以闻,除太子掌饮丞。(《金史·孝友传》)

【难点简注】

① 刲:割,多用于书面语。

② 股:大腿。

【释古通今】

母盲复明(二)

刘政生性非常孝顺。母亲失明后,刘政经常用舌头舔母亲的眼睛给她治病,十日后,母亲便能看见东西。当母亲患病时,刘政日夜侍候照顾,衣不解带,并多次割取自己大腿上的肉做成食物给母亲吃。母亲去世,刘政搬运土石,建造坟墓。乡邻打算帮助他,被刘政婉言谢绝。母亲下葬之日,飞鸟的鸣叫声似哀泣之音,并聚集在附近的树上,刘政此后住在母亲墓旁三年。防御使听到这件事,便托刘政推荐为太子掌饮丞。

母盲复明(三)

【经典原录】

梁萧恢有孝性,母目有疾,久废视瞻①。有北度道人慧龙得治眼术,恢请之。迨②慧龙下针,豁然开朗。咸谓精诚所至。

【难点简注】

① 瞻:往前或往上看。

② 迨:等到。

【释古通今】

母盲复明(三)

南朝梁的萧恢生性孝顺,母亲患有眼疾,看不见东西已经很久了。有位北度道人名叫慧龙,能治眼疾,萧恢便去请他前来。等到慧龙施针治疗时,萧恢的母亲突然复明。人们都说这是萧恢精诚的孝心所致。

母盲复明(四)

【经典原录】

元刘通业①农。母失明,通断酒肉,祷三十年不懈。母八十五,忽复明。

又元丁祥一,母丧明,以舌舐之,复能视。

【难点简注】

① 业:名词作动词,以……为职业。

【释古通今】

母盲复明（四）

　　元代刘通在家务农。母亲失明后，刘通禁食酒肉，连续三十年坚持不懈地为母亲祈祷。母亲的眼睛在八十五岁时忽然复明。

　　元代丁祥一的母亲失明后，丁祥一便经常舔母亲的眼睛，后来母亲得以复明。

妙笔点评

　　这些带有类型化的故事以一种近似神话的面目展现于读者眼前。母亲因疾而双目失明，子女对此忧心如焚，唯有如此，才能更加细致体贴地照顾母亲，并焚香祷告以求神灵保佑。果然孝子诚心感动上天，或以舔目而使母亲复明，或遇仙人出手相助得以恢复。其实故事中的这些奇异虚幻之处不是读者真正需要关心的地方，而要看到这只不过是用来表达孝子诚心的一种特殊方式，其实我们需要关注的是这些孝子对母亲那份感天动地的真心。他们之所以能让奇迹发生，是因为这些孝子对母亲的诚心，这与我国儒家文化中对"孝"的要求是一致的，子夏曰："贤贤易色，事父母，能竭其力。"由此可见，这些孝子真正实践了儒家对"孝"的主张，要做到孝，必须竭尽全力，所谓尽心就是尽敬爱父母之心，所谓尽力是竭为父母谋利益之力、竭养活父母之力。只有将这两方面做到完美统一，才能是真正孝子的本色。只有不断的对父母保持诚爱之心并竭尽全力，才会有奇迹发生，所谓"精诚所至，金石为开"就是说的这个道理，万事莫不遵循此理，孝道也是如此。

侍疾篇

尝唾验病

【经典原录】

焦怀肃母病，每尝其唾，若味异，辄悲号几绝。母终，水浆不入口者五日。负土成坟庐守，守日一食①，杖然后起。继母殁，亦如之。

【难点简注】

① 食：名词作动词，吃饭。

【释古通今】

尝唾验病

焦怀肃的母亲患病期间，焦怀肃经常尝母亲的唾液。如果味道异常，焦怀肃就会悲痛欲绝。母亲去世后，焦怀肃五天没有进食，后来他又亲自搬运土石，建造坟冢。守灵期间，焦怀肃每天只吃一顿饭，礼仪完毕才起身离开。继母去世，焦怀肃依然如此。

妙笔点评

孝子对父母的孝道可以体现在很多方面，有的可以衣不解带地照顾父母，有的可以不远万里地寻找失散的父母，有的可以为父母虔诚地祈祷福祉，总之这些孝子的行动都是发自肺腑的对父母的感恩之心。当然这种感恩之心有时也会促使孝子作出一些令常人不可思议的奇事。如这则故事中的主人公通过非常规的方法来检验父母的病症,这些孝子能这样做,都是其至诚的孝心使然。虽然这无法令父母痊愈康复,但他们的精神已经让读者深为感动。故事中并没有过多地描绘孝子照顾父母的细节,但其中对典型行为的刻画已经收到了展现孝子精神的效果。常言道"窥一斑而知全豹",试想如此艰难的事情,这些孝子做起来是如此自然,那么他们对父母其他方面的照顾也就可想而知了。因此只有真正具有诚心的孝子才会如此,而对父母的照顾能如此者也必是值得我们敬佩的人。

亲尝汤药

【经典原录】

汉文帝高祖第三子。初封代王,生母薄太后,帝奉养无怠①。母病三年,帝为之目不交睫②,衣不解带,汤药非口亲尝弗进。仁孝闻于天下。

【难点简注】

① 怠:懈怠。

② 睫:睫毛。

【释古通今】

亲尝汤药

汉文帝是高祖的第三子,起初被封为代王。他对生母薄太后奉养备至,毫无懈怠。薄太后患病期间,文帝始终未合眼睡觉,衣不解带,自己尝过汤药后才进呈给太后,因此以仁孝名闻天下。

妙笔点评

关于天子之孝,《孝经》曾言:"爱亲者,不敢恶于人;敬亲者,不敢慢于人。爱敬尽于事亲,而德教加于百姓,刑于四海。盖天子之孝也。"这是说天子能爱护自己的父母,也就不会厌恶别人的父母;能够尊敬自己的父母,也就不会怠慢别人的父母。天子能用爱敬之心尽力侍奉父母,也就能用至高无上的道德去教化人民,从而成为天下大众效法的典范。这一切便是天子的孝道。本故事就是讲述的这样一位具有天子之孝的天子。汉文帝在治理国家的过程中,不仅使国家的经济迅速从百废待兴的战后重建中恢复,出现了所谓的"文景之治"的安定局面,而且更重要的是他能在德行教化上以身作则,以孝为先,三年之中,尽心竭力地照顾自己的生母,即使贵为天子之尊也没有丝毫懈怠和推诿,对一切还是要亲力亲为,这种对母亲的深情和孝道使得汉文帝成为仁孝闻于天下的圣明君主,也只有这样的帝王才会真正爱护天下百姓。我国历来强调家国一体,因此许多家庭伦理中的规范如果扩大开来,就会上升到国家德行教化的准则,如"孝"和"忠"就是对士人在不同生活层面的要求,但它们之间有内在的相似性和必然联系,只有对父母尽孝才会对君王尽忠。而具体到君王,这种对应则是"孝"和"仁"的关系,只有以孝敬之心尽力侍奉父母的君王才会以仁慈之心爱护天下

侍疾篇

百姓。汉文帝的行为真正做到了《孝经》所说的"天子之孝",他也因此而成为当时和后世广为传颂的仁孝之君。

天医赐方

【经典原录】

陶明元母病心痛,医莫能愈。明元每掐心嚼舌,以分母痛。一日危甚,计无所出。走祷祠前曰:"刲①股割肝,非先王礼。今事急矣,敢犯死,取一脔②为汤剂。神如有灵,疾庶其瘳③。"祷毕,即引刀自割。忽有童子自外跳入,取案上笔书数字于几面,掷④笔扑地。随呼家人救之,良久苏,乃邻儿也。叩之,无所知。视其所书,药方也。明元私喜,此必神赐。吾寻其瘳矣,如方治之,药甫⑤入口,而痛已失。终母寿,病不再发。

【难点简注】

① 刲:挖。多用于书面语。

② 脔:切成小片的肉,多用于书面语。

③ 瘳:病愈。

④ 掷:扔,投。

⑤ 甫:刚刚。

侍疾篇

【释古通今】

天医赐方

陶明元的母亲身患心痛病，医生对此毫无办法。明元经常陪母亲说说知心话，以此减轻母亲的痛苦。一天，母亲的病情加重，在无计可施的状况下，陶明元来到神像前祈祷道："挖股割肝，损伤自己的身体，不是先王提倡的礼法。但如今事情紧迫，我冒死从自己身上取一小片肉，做成汤剂，送给母亲。如果神灵有知，保佑母亲能药到病除。"说完，陶明元便拿刀，要割自己身上的肉。就在此时，一名童子忽然从外边跳进来在几案上写了一行字，随即掷笔倒地，不省人事。陶明元急忙向家人呼救，童子很久才苏醒过来，这时大家才看清是邻居的孩子，连忙询问刚才之事，孩子却一无所知。此时大家再看几案上的字，乃是治病的药方。明元暗自窃喜，以为这是神赐所致，母亲有救了。陶明元照方抓药，母亲刚把药喝下，病痛顿消。一直到母亲去世，此病都未再复发。

侍疾篇

忽得奇药

【经典原录】

北史梁彦光七岁时，父遇笃疾。医云："饵①五石②可愈。"时求紫石英不得，彦光忧瘁③。忽于园中见一物，光不能识，怪而持归，即紫石英也。众咸④异之。后为相州刺史，有焦通事亲礼阙，为从弟所讼。光令观孔子庙中,韩伯瑜母杖不痛,哀母力衰,对母悲泣之像。通悲愧若无容者,光训谕而遣之,卒为善士。

【难点简注】

① 饵:名词作动词,吃东西。

② 石:容量单位,十斗为一石。

③ 忧瘁:忧愁,担心。

④ 咸:全,都。

【释古通今】

忽得奇药

《北史》载梁彦光七岁时,其父患顽疾,医生说此病须准备五石紫石英才可治愈。而紫石英在当时不易买到,梁彦光为此忧心憔悴。忽然有天他在园中见到一个不认识的东西,感到奇怪,就带回给别人辨认,结果那就是紫石英,大家都很惊异。后来梁彦光担任相州刺史,当地有个名叫焦通的人,不能善待父母,被弟弟告到官府。梁彦光命人带焦通来到孔子庙中,观看一组塑像,讲的是韩伯瑜之母杖责伯瑜,伯瑜因感觉不到疼痛而哀伤母亲体力衰弱,故而对母亲悲泣。焦通看完后愧不敢当,无地自容。梁彦光因势利导,对焦通一番训喻,并遣返回家。焦通最终成为一位知书达理之人。

神示灵药

【经典原录】

南齐解仲恭家行敦睦[①]，得纤毫财利，辄与兄弟平分。母病经时不差[②]。入山采药，遇一老父语[③]之曰："得丁公籐病立[④]愈。此籐在前山际高树垂下，便是也。"忽然不见。仲恭如其言得之，治母病，即差。又解叔谦母病，闻空中语云："此病得丁公籐为酒便差。"遍访无识者，乃访至宜都郡山中，见一老父伐木，问其所用，曰："此丁公籐疗风尤验。"叔谦拜伏流涕，具言来意。老父以四段与之，并示渍酒法。谦受之，依法为酒，母病即差。

【难点简注】

① 敦睦：亲善和睦。

② 差：通"瘥"，病愈。

③ 语：名词作动词，告诉。

④ 立：立刻，马上。

【释古通今】

侍
疾
篇

神示灵药

南齐解仲恭的家庭亲善和睦，解仲恭若获得一点财利，便会回去与兄弟平分。其母患病，多年未愈。解仲恭进山采药时，遇到一位老人，老人

说:"得到丁公藤,你母亲的病可立刻痊愈。而此藤就在前山一棵高树下。"说完忽然消失了。解仲恭按照老人之言找到丁公藤,为母亲治病,果然奏效。又有解叔谦之母患病,听到空中有人说:"此病须用丁公藤酿成酒,方可治愈。"于是解叔谦到处寻访,却没有人认识丁公藤。后来在宜都郡山中访查,见到一老人伐木,便询问他是否知道。那人说:"丁公藤治疗中风,效果尤佳。"叔谦跪地叩拜,感激涕零,说明来意,老人便送给解叔谦四段丁公藤,并示范了此藤与酒配合的方法。解叔谦接受后,回去便依照方法酿成药酒,母亲服用后随即痊愈了。

神灵赐药

【经典原录】

南齐刘虚哲所生母尝病,躬自祈祷。梦见一黄衣老公与药。惊觉于枕间得之,如言而疾愈。药如竹根,与斋前种,叶似凫茈①。嫡母崔氏及兄子景焕为魏所获,灵哲为布衣,不听乐。及父怀珍卒,当袭爵。哲故辞,朝廷义②之。哲倾产赎嫡母及景焕,累年③不能得。武帝哀之,令北使苦请之,魏人送之还南,乃袭封爵。

【难点简注】

① 凫茈:古书上指荸荠。

② 义:意动用法,以……为义。

③ 累年:连年。

【释古通今】

神灵赐药

南齐刘虚哲的生母得病后,他亲自为母亲祈祷。有一次,梦见一位身穿黄衣的长者送来药,刘虚哲醒来发现药就放在枕边。母亲服用后果然病愈如初。此药外形和竹杆一样,叶子像荸荠,刘虚哲就将其栽种在斋房之前。嫡母崔氏和兄弟的儿子景焕被北魏掳去,当时尚为布衣平民的灵哲闻讯后便不再娱乐。父亲怀珍去世后,灵哲应当继承爵位,但他极力推辞,朝廷由此赞赏灵哲的高义。后来刘灵哲拿出全部家当,希望能赎回嫡母和景焕,但尝试多年没有成功。武帝怜悯灵哲,于是让北魏使者将赎人的请求带回去。后来北魏送还了嫡母和景焕,刘灵哲这才继承了父亲的爵位。

妙笔点评

当父母遭遇重病之时是最能考验子女是否真心孝敬老人的。有些子女出于有利可图,在平时装作孝顺模样以欺世盗名,而到真正需要的危急时刻,他们却避之唯恐不及,遑论其能尽心竭力地守候在父母身边。但这几则故事中的孝子都是真心照顾父母,即使有时面对病症已竭近全力,他们仍为自己无法治愈父母而自责。这种发自内心的真实情感要比任何物质表达都显得宝贵。他们中有的恨不得能为饱受病痛的父母分担痛苦,甚至不吝惜自己的健康,有的不远千里去为父母寻找治病的药材。正是由于这些孝子的真诚之心,使上天受到感动,因此每到关键时刻,都会出现神人指点迷津,从而让孝子的父母能够顺利康复,化险为夷。这些情节大同小异的故事不是炫耀遥不可及的奇迹,而是以此来突出孝子对父母的真诚孝心。

丹书疗病

【经典原录】

　　南史萧睿明母病风,积年①陈卧。明昼夜祈祷,天寒下泪冰如筋,额血冰不溜。忽有一人,以小石函授之,曰:"此疗夫人病。"明跪受之。忽不见,以奉母,函中有三寸绢,丹书"日月"字。母服之,即平复。时秣陵朱绪无行,母病积年,思菰②羹,妻买菰为羹奉母。绪曰:"病安能食?"遂食之尽。母怒曰:"天若有知,当令汝哽死。"绪闻,心中介介然,即痢③血,明日而死。

【难点简注】

① 积年:多年。

② 菰:多年生草本植物,生长在池沼里,其嫩茎的基部经某种菌寄生后,膨大,可作蔬菜吃,叫茭白。

③ 痢:痢疾。

【释古通今】

丹书疗病

　　《南史》载萧睿明之母身患中风,常年卧病在床。萧睿明日夜祈祷,以致天气寒冷时,流下的眼泪结成冰柱,如同筋带一般,额头上的鲜血也因结冰而静止不流。忽然有一天,有人送给萧睿明一个小石函说:"可以治疗夫人之病。"萧睿明跪地接受，那人却突然消失。萧睿明随后将石函带回给母亲，里面有三寸丝绢，用红笔写着"日月"字样。母亲服下用此物做成的汤药后，身体立时痊愈。当时秣陵的朱绪毫无品行，母亲病重多年，想吃菰羹。朱绪之妻为此专门买回材料，做成菰羹给母亲吃。朱绪见状却说："病重时怎能吃这些。"然后一饮而尽。母亲看到后愤怒地说："上天若是知道，应当让你噎死。"朱绪听后心中总感觉不舒服，开始得痢疾，并有出血症状，第二天就病重而死。

妙笔点评

佛家讲善恶有报，行善者必得善终，而作恶者终有恶果。本故事中的萧睿明和朱绪就是对这种人生因果报应的形象展现。萧睿明为母祈福，泪如雨下，以至遇冷成冰。这种超越常人的孝心让萧睿明得到了神的暗示而治愈了母亲的病症。朱绪却面对久病的母亲，不思治疗之方，又抢夺母亲的饭食，因此他的下场也就可想而知了。孟子曾曰："世俗所谓不孝者五：惰其四肢，不顾父母之养，一不孝也。"朱绪的行径显然是孟子所说的作为子女对父母的最大的不孝。从这两个故事的内容看，两位为人子的不同结局取决于他们对父母的行动，惩恶扬善的宗旨则是本故事传达给读者的最大启示。

神僧遗瓜

【经典原录】

梁滕县恭年五岁，母患热，思食寒瓜（西瓜）。土俗所不产，昙恭历访不得，衔哀悲切。俄一桑门（即沙门俗称和尚是也）曰："我有二瓜，分一相遗。"恭拜谢，捧瓜荐母，举室①惊异。寻访桑门，莫知所在。

【难点简注】

①举室：全家。

【释古通今】

神僧遗瓜

南朝梁的滕昙恭五岁时，母亲医发烧而身体发热，想吃西瓜。但当地不出产西瓜，滕昙恭为此到处寻找也一无所获，故而心中忧伤悲切。有一天，他碰见一个和尚说："我有两个西瓜，可以分你一个。"滕昙恭连忙拜谢，捧回西瓜给母亲吃，当时全家对此事十分惊异。再去寻找和尚时，已经不见了踪迹。

侍
疾
篇

须臾永瘥①

【经典原录】

梁韩怀明年十岁，母患尸疰②，怀明夜于星下稽颡祈祷。时寒甚，忽闻香气。空中语曰："童子母须臾③永瘥，无自劳苦。"未晓而母平复，乡里异之。母年九十而终。怀明哭不绝声，有双鸠巢④以其庐上，服释乃去。

【难点简注】

① 瘥:病愈,多用于书面语。

② 疰:中医指痨瘵病病,即肺结核。

③ 须臾:极短的时间,片刻。

④ 巢:名词作动词,建巢。

【释古通今】

须臾永瘥

南朝梁的韩怀明十岁时,母亲身患肺结核病。韩怀明为此到了晚上面朝北斗,虔诚祈祷。当时天气十分寒冷,韩怀明忽然闻到一股香气,并且空中有声音说:"你的母亲很快便可痊愈,你不必如此辛苦。"果然未到天明,母亲的身体自然痊愈,乡邻对此感到惊异。韩母去世时年已九十,当时的韩怀明哭泣不止,并有两只鸠飞到韩家房庐上做巢,直到丧礼结束才飞走。

倾家医母

【经典原录】

昔崔沔性至孝。母失明,倾家求医,不脱衣而奉者三十年。每良辰美景,必扶持宴笑,令母忘其所苦。母卒,毁形吐血,茹素终身。爱兄秭①几于母,慈②甥侄甚于子,所得俸金,悉以分惠,曰:"风

侍疾篇

木既悲,无由展我孝思。计亲所垂念者,惟此四五人。吾厚待之,庶得慰九泉之下耳。"

【难点简注】

① 姊:姐姐。
② 慈:对……慈爱。

【释古通今】

倾家医母

昔日崔沔生性孝顺。母亲失明后,他拿出全部家当,到处求医,衣不解带地侍奉母亲三十年。每到良辰美景之时,崔沔都会搀扶母亲参加家宴,宴会的喜庆可以让老人暂时忘却病痛。母亲去世后,崔沔伤心过度,形容憔悴,并终身以素食为餐。他爱嫂子像对自己的母亲一样,爱护甥侄甚至强于自己的儿子。所得俸禄,崔沔都分给大家,并说:"悲恸之情无法体现我的孝心,母亲所挂念的也只有这四五个人。我对他们好好照顾,便可以安慰母亲于九泉之下了。"

侍疾篇

葬亲篇

卖身葬父

【经典原录】

汉董永家贫,父死,卖身贷①钱而葬。及去偿工,路遇一妇人,求为永妻,俱至主家。令织缣②三百疋③乃回。一月完成,归到槐阴会所,遂辞永而去。

【难点简注】

① 贷:借钱。

② 缣:细绢,古代一种质地细薄的丝织品。

③ 疋:通"匹",用于整卷的绸布等。

【释古通今】

卖身葬父

汉代的董永家境贫寒,父亲去世,他只得卖身借钱以安葬老人。等到去主人家做工以偿还借贷时,董永在路上遇到一位妇人,而且嫁给了董永为妻,随后两人一起来到主人家。主人令董永只要织够三百匹细绢就可以回家。董永夫妻一月即完成任务,回到槐阴会所后,那位妇人便辞别董永而去。

徒跣千里

【经典原录】

唐李百药七岁能文①,才行显世,侍父母丧还乡,徒跣②数千里。子李安期亦孝顺。百药贬桂州,遇盗,将加以刃,安期跪泣请代。盗感而释之。

【难点简注】

① 文:名词作动词,写文章。

② 跣:光着脚。

【释古通今】

徒跣千里

唐代的李百药七岁就会写作文章,文才品行为当世所称。他扶着父母的灵柩返回故乡,徒步行路数千里。儿子李安期也很孝顺,李百药在贬谪桂州的途中遇到强盗,眼看自己性命不保,李安期此时毅然跪地请求代父死,盗贼深受感动而释放了他们。

葬亲篇

神报亲丧

【经典原录】

南史师觉授有孝行,于路忽见一人持一函,题曰"送孝子师君苫^①前"。俄而不见,舍车奔归,闻家哭声,一恸,良久乃苏。

【难点简注】

① 苫:用草做成的盖东西或垫东西的器物。

【释古通今】

神报亲表

《南史》载师觉授孝行可嘉,一次,在路上,师觉授忽然看见一人抱着个盒子,上面写着"送孝子师君苫前",不久那人突然消失。师觉授急忙弃车跑回家,听到家里有哭声,心中悲恸至极以致昏厥,过了很久才苏醒过来。

天畀^① 良穴

【经典原录】

湖南萧翁延江右堪舆^②家谢某选穴。得一善地,谢谓翁曰:"是地非厚勿载。公曷^③宿圹^④以卜,非公地当有征异。"翁从之,夕,偕其子同宿圹中,夜半,闻呵殿声,潜窥之,见仪卫拥导,一伟丈夫束马而来。驻马叱从者曰:"此何孝子地。萧某何人,妄思占据,速擒之出。"翁惧,于圹中叩首曰:"本虑据非其分,致干天谴。故宿而下焉,既荷^⑤垂示,愿迁让。"旋闻马上人言,念汝素长者,姑宥汝。能为何孝子葬亲,当别与汝善地。故是穴宜速掩,毋使泄气,言已风驰电掣，转盼寂然。质明⑥，父子偕止，以语谢，封其穴，而相与物色何孝子，并无知者。一日，谢独游郊外，行稍远，至一镇，骤⑦遇雨，避某米肆⑧庑下。薄暮，舂⑨者皆息，一少年独后，异而询之，曰："小人有母老矣，非肉不饱。吾早作宴⑩息，可多得直⑪以奉母。"询其姓曰："何。"私念此即为何孝子也。欲窥其事母诚否，俟⑫舂息，讬言天雨道远，求借宿。何许之，偕至其家，屋仅两楹⑬。母居内，夫妇居外，虽湫隘⑭，然颇洁。何先入白⑮母，旋即延入⑯曰："家贫无闲房，已令妇从母宿。先生与我同榻，幸毋嫌亵。"坐定，持茶出，继以酒一肴一，置几上，曰："恕无陪侍。"急趋入，谢于门隙觇⑰之，见案上有两簋⑱，七匙⑲各一。母饭，夫妇左右侍，调羹进肉，怡怡⑳如也。饭已，妇撤俎㉑，何侍母盥洗，然后对食，只黄齑㉒少许，生且食且窥，益大叹服。未几，何出见客，食已告谢曰："衾枕俱在，先生远行辛苦，请先寝，勿俟我。"谢颔㉓之，遂复入。生复觇之，见何倚母而坐。缕述街市俚㉔事以慰母。母色甚欢，已而欠伸思睡，安枕拂席，解衣就床，皆亲扶持，而妇存其侧，亦略无倦容。及母既睡，何又为搔挟抚摩，闻鼻息动，始起，步履甚轻，如恐惊寤㉕。生既嘉其诚孝，而念神言之不谬㉖，俟其出，询其父殁几年，已入土否。何泣告曰："殁已四年，无力卜葬，言之心痛。"谢见其声泪俱下，慰之曰："子无伤，吾居停萧翁，有片壤，愿丐以遣子。吾且助汝葬资。"何讶曰："某与先生，素昧平生㉗，讵敢叨厚惠。且地有主者，纵蒙先生哀怜，恐言之无益耳。"曰："无忧也。吾素知萧翁慷慨好施，成人之美。闻子孝思，当无不允。三日后，子无他出，我当与偕来。"何泣谢曰："果如先生言，没齿不忘大德。"谢复慰藉之。既寝㉘，天未明，谢寤，而何不知所往。及晨起，见其持碗自外至，询之，则母思食汤圆，四鼓入城买归，往返二十里矣。生益叹服，及归，以告萧翁。翁喜曰："神命之矣。既得其人，余何敢吝。"越三日，与谢持地券同往。入门，闻何夫妇哭甚哀，大惊，入询之，则其母骤染时疫而卒。何见客至，以手抢地而哭。萧翁怜之，助以殓资，出地契与之，生为择日卜葬，葬费皆由生出。既葬，何夫妇皆来谢，并请为佣，以偿地价。翁讶曰："君诚孝格天，余奈何贪天之功。"遂以前事语之。且曰："君孝子，吾求之为友而不得，安敢屈为佣乎？顾吾家多闲房，君不弃，盍携眷同居，必不使君忧薪水。"何谢勿敢当，翁固邀之，遂留其家，为司出入之总。月余，萧翁谓谢曰："始神许我，葬何孝子亲后，别予吉地。今其言当验，子盍图之。"生曰："诺㉙。某非假青乌觅食者。苟不因翁事未竟，何久客异域为。第须觅一吉壤，顾目前无当意者。原假时日以得之。"自是日向田野山谷间，访穴寻龙，杳无所遇，求之月余，形神俱瘁㉚。一日道经何墓，徘徊远眺，忽见数丈以外，隐约间复现龙脉，寻迹以往，果得真龙，与何坟同源并发，贵稍逊而富远过之，遂白翁，购得之，为之卜葬。事毕，辞归。翁酬之千金，固却之，曰："吾向言非以此觅食者，愿翁留此，以济贫乏。"翁不得已，为张乐祖饯㉛。何夫妇亦来泥首谢，生归，即登仕途。后翁家日起，富甲一郡。

【难点简注】

① 畀：给，给予。多用于书面语。

② 堪舆：指古代为人看风水、作占卜的一种学问。

③ 曷：何不，多用于句首。

④ 圹：墓穴，原野。

⑤ 荷：承蒙。

⑥ 质明:等到天亮。

⑦ 骤:突然。

⑧ 米肆:古代经营粮食买卖的商店。

⑨ 舂:把东西放在石臼或乳钵里捣去皮壳或捣碎。

⑩ 宴:晚点,推迟。

⑪ 直:通"值",钱财。

⑫ 俟:等到。

⑬ 楹:量词,古代房屋一间为一楹。

⑭ 湫隘:低洼矮小。

⑮ 白:告诉。

⑯ 延入:带进房间。

⑰ 觇:窥视,观测。

⑱ 簋:古代盛食物的器具。

⑲ 匙:舀液体或粉末状物体的小勺。

⑳ 怡怡:欢快的样子。

㉑ 俎:古代祭祀时盛牛羊等祭品的器具,也指割肉类用的案板。

㉒ 齑:调味用的姜、蒜或韭菜碎末。

㉓ 颔:点头示意赞同。

㉔ 俚:俚俗。

㉕ 寤:醒。

㉖ 谬:荒谬,虚假。

㉗ 素昧平生:从不认识。

㉘ 寝:睡下。

㉙ 诺:答应,允许。

㉚ 瘁:憔悴,疲惫。

㉛ 祖饯:临别前的饯行。

葬亲篇

【释古通今】

天畀良穴

葬亲篇

湖南萧翁请江右的堪舆家谢某为自己家选择墓地。谢某选得一块风水宝地,便告诉萧翁:"如果你不是大富大贵之人,这块地就不适合你家。你可以先住在这里以作占卜之用。倘若不适合你,应该会有奇异的征兆。"萧翁听从谢某的建议,晚上便与儿子一同住在那里。夜半时分,他们忽然听见有呵斥的声音,于是暗中窥视,看到一群仪态端正的侍从簇拥着一位相貌伟岸的男子骑马来到墓地。此时那名伟岸的男子呵斥侍从道:"这是何孝子的地方。萧某是何许人,胆敢妄图霸占,赶快把他抓起来。"萧翁此时非常惊恐,便跪在墓地中叩头说:"本来就是担心这不是我们家的福地,怕遭天谴。所以才在此住宿以作占卜。既然神明已有垂示,我们愿意迁地让出。"马上之人立刻又说:"念你年长,暂且饶恕。如果你能替何孝子安葬亲人,我们就给你另一块宝地。此墓穴应赶快掩埋,不要使福气泄露。"说完,那群人就风驰电掣地离开了,转眼间墓地旷野一片寂静。天亮后,萧翁父子回家,告诉谢某昨晚之事,并封闭墓穴。问及何孝子之事,却没有人知道。一天,谢某独自游览郊外,走的路稍远,来到一个村镇,恰巧遇到一阵急雨,便在一家米店的走廊下躲避。傍晚时分,舂米的伙计都在休息,惟有一位少年独自落在后面。谢某感到诧异便询问那人,那人说:"我家有老母,不吃肉便吃不饱饭。我早来工作,晚些休息,这样可以多得工钱以奉养母亲。"谢某问其姓氏,那人回答:"姓何。"谢某暗自猜想这就是何孝子,但还是想看他到底是否真的孝顺母亲。因此等到工作结束,谢某便托辞正在下雨,回家路途尚远,想在何孝子家借宿一晚。何孝子答应后,带着谢某回到家中。何家房屋仅有两间,母亲住在里间,何氏夫妇住在外间。虽然低洼矮小,但房内非常整洁。何孝子先进屋告诉母亲,随后领进谢某说:"家境贫寒,没有空闲的房间,已经让我妻子今晚和母亲同住,先生就与我睡一床,还望不要嫌弃。"坐下后,何孝子端来茶水,又端上一壶酒和一盘菜,放在几案上,说:"恕我不能陪先生了。"何孝子说完便急忙走进里屋,这时谢某从门缝里窥视,看到里屋桌上有两盘菜,七个匙子。母亲吃饭时,何氏夫妇侍候在左右,为母亲调羹喂肉,其乐融融。吃完饭,何妻便撤去饭桌。何孝子侍候母亲洗漱,然后夫妇两人再对坐吃饭,他们的饭食只有少许黄齑。谢某边吃边窥视,越来越感叹何孝子的孝顺。不久,何孝子出来看谢某,等谢某吃完便告诉说:"衾枕都在床上,先生一路远行辛苦,您就先睡,不用等我了。"谢某点头答应,何孝子又回到母亲房间。谢某紧跟窥探,见何孝子靠在母亲身边,给母亲讲述市井趣事以安慰母亲,此时何母露出很高兴的脸色。等到老人欠身想要睡觉时,何孝子为母亲收拾好床铺,扶母亲宽衣躺下。何妻从旁协助,没有丝毫倦容。等母亲睡下,何孝子又为母亲捶背按摩。听到母亲的鼻息声响后,何孝子才轻手轻脚地起身离开,害怕惊醒熟睡的母亲。谢某赞赏何孝子的诚孝,相信神灵所言不假。等何孝子出来后,谢某询问其父去世几年,是否入土。此时何孝子哭泣着说:"父死已四年,但无力安葬,说到此事总心痛不已。"谢某看到何孝子声泪俱下的情状,便安慰说:"你不用悲伤。我在萧翁那里听闻他还有块地,愿请求他将此地送给你。我也赠送你一些丧葬费用。"何孝子听后惊讶地说:"我与先生素昧平生,怎敢得此丰厚的恩惠?况且墓地已有主人,即使承蒙先生怜悯,恐怕也是言之无用。"谢某说:"你不用担心。我常听说萧翁乐善好施,慷慨助人,成人之美。如果他听说你的孝心,肯定会答应请求。三天后,你不要出去。我与萧翁一同前来。"何孝子喜极而泣道:"真能如先生所言,我家当不忘你的恩德。"说完,谢某对何孝子又是一番安慰。睡下后,天还未明,谢某醒来,但何孝子却不见踪影。等到清晨起来后,谢某才见到何孝子端着碗从外面回来,便询问缘曰。原来何母想吃汤圆,因此何孝子在四更时分便进城购买，往返二十多里路。谢某对此更加叹服，便回去告诉萧翁。萧翁大喜道："神灵下令，既然找到何孝子，我怎敢吝惜墓地。"于是三日后，萧翁与谢某带着地契一同来到何家。进门后，两人听到何家夫妇伤心痛哭，大为惊讶，询问后才知何母突然感染疫病去世。何孝子见有客人到来，拿手捶地而哭。萧翁感到怜悯，便资助何家的丧葬费用，并将地契送给何孝子。谢某为何家选定葬礼吉日，费用都由谢某所赠送。葬礼结束后，何氏夫妇前来感谢，并请求在萧家当佣人，来偿还墓地的价值。萧翁惊讶地说："你的孝心感动上天，我怎能贪天之功据为己有呢。"于是便把以前发生的事告诉了何孝子，还说："你这样的孝子，我交为朋友还来不及，怎能雇你屈尊为佣人呢？我家空闲房间很多，你若不嫌弃，可以携带家眷同来，你们不用担心薪水的问题。"何孝子推谢不敢当，在萧翁的极力邀请下，何孝子留在了萧家担任管理萧府的出入之事。一月后，萧翁对谢某说："当初神灵答应我，安葬何孝子的亲人后，会另外送给我块宝地，现在神灵之言应当应验了，你去办理一下。"谢某说："可以。我不是在你这混吃喝的人，若不是您的事情没有结束，我怎能居住在此这么久。只是要找到一块宝地，现在还没有合适的选择，因此还需要等待时日。"此后谢某每天在田野山谷间探访风水宝地，但始终一无所获。寻求一个多月，谢某已形神俱疲。一天，谢某途经何墓时，徘徊之间向远处眺望，忽然看见几丈之外，隐约间出现一条龙脉。谢某循着踪迹前往探看，果然是条龙脉。此脉与何墓属同一源头，并列发出，显贵方面稍逊而富有程度远远超出。于是谢某向萧翁报告，萧翁便买下此地，并占卜了葬礼事宜。事情结束后，谢某辞别，萧翁酬谢千两黄金，谢某坚决推辞说："我常说自己并非以赢利为目的而来。希望您能留下钱财以赈济贫困之家。"萧翁不得已，只好奏乐设宴为谢某饯行。何氏夫妇也来叩首拜谢谢某。谢某离开后即入仕途。后来萧翁家日渐富有，冠甲一郡。

妙笔点评

孝子之道不在照顾父母生活之优越，而在照顾父母之尽心。穷孝子与富孝子相遇时，如果能互相帮助，又不失为一段佳话。本故事讲述了这样两个孝子之间发生的一些趣闻。萧翁家产丰裕，本得良穴以葬父长，但经神人指点，引出何孝子的一段凄苦经历。何孝子虽家境贫寒，且事母至孝，照顾有加，即使粗茶淡饭，一家人也是其乐融融。唯一不足就是无力安葬早已过世的父亲。照常理，古人最重丧祭之礼，但何孝子毕竟无能为力，他所做的对母亲的照顾已是尽力而为，因此其孝心从这层意义来说已得到最大的体现。这才使得神人指点萧家全力帮助何孝子，当然何孝子也是知恩图报之人，萧何两家最终成为挚友。萧家也因此事而积德行善，终获报偿。此故事既是传达了纯粹孝心的含义，那就是像何孝子那样奉亲至孝，尽力而为；同时又将中华民族互相帮助、先人后己的传统美德镶嵌其中，使故事在两条线索的穿梭往来中显得趣味横生，寓意深刻。

葬亲篇

孝感篇

盗惭而辞

【经典原录】

汉赵咨家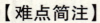居,躬率子孙耕农为养。盗尝夜②劫之,咨恐母惊,乃先至门,迎请设食曰:"老母八十,疾病须养,乞少置衣粮。妻子物余,一无所请。"盗惭而辞。

【难点简注】

① 家:名词作状语,在家。

② 夜:名词作状语,在夜里。

【释古通今】

盗惭而辞

汉代赵咨在家居住,亲率子孙务农为业。一次,盗贼在夜里打劫赵家,赵咨担心母亲受惊,于是先到门前,设宴迎接盗贼,并说:"我有八十岁的老母,患病需要奉养,因此家中用在衣服粮食的开销很少,除妻子和孩子外,就没有别的东西了。"盗贼听罢便惭愧地离开了。

贼不忍杀（一）

【经典原录】

后汉刘平逢更始乱，扶母逃难，匿[①]野泽中，朝出求食，逢恶贼，将烹平，叩头曰："今为母求菜，愿得归食母，还就死。"贼哀而遣之。平还食母讫，因白曰："与贼期[②]，义不可欺。"遂诣贼。众大惊，相谓曰："尝闻烈士，今乃见之。子去矣，吾不忍杀子。"于是得全。

【难点简注】

① 匿：藏匿，躲避。

② 期：约定。

【释古通今】

贼不忍杀（一）

东汉刘平遭遇更始战乱，搀扶母亲逃难离乡，躲避在荒野之中。有一次，白天出来寻找食物，正巧碰到恶贼，贼人将要烹煮刘平，刘平急忙叩拜说："现在我已给母亲找到食物，因此我请求先把我放回。待将食物送给母亲，再回来赴死。"贼人哀怜之下便释放了他。刘平回去送给母亲食物后说："与贼有约定，出于道义不可欺骗。"于是回去寻找贼众。贼人大惊，互相说："过去只是听说过忠烈之士，今天终于见到了。你走吧，我们不忍心杀害你。"刘平这才得以保全。

贼不忍杀（二）

【经典原录】

> 后汉江革少失父，独与母居。遭乱，负母逃难。数遇贼，或欲劫将去。革辄泣告，有老母在，贼不忍杀。转客邸①下，贫穷裸跣，行佣以供母，母便身②之物，莫不毕给。

孝感篇

【难点简注】

① 客邸：客栈，客房。
② 便身：随身，贴身。

【释古通今】

贼不忍杀（二）

东汉的江革少年时父亲去世，因此只与母亲住在一起。遭逢战乱，江革带着母亲逃难中几次遇到盗贼。江革在每次要被掳走时，都会哭泣着告诉盗贼，有老母在旁，不能离去。盗贼因此不忍心杀害。后来辗转到客栈住下，贫穷赤脚而不能付房钱，所以江革申请做佣人以供养母亲。这才使母亲的诸多贴身需要得到满足。

盗不忍害

【经典原录】

　　元赖禄孙母病，值蔡五九作乱，负母避南山。盗至，将刃①其母。禄孙以身翼蔽②曰："毋伤吾母 宁杀我。"盗不忍加害，有掠其妻去者，众责之曰："奈何辱孝子妇"俱归之，其时又有樊渊、郭狗儿，均遇兵，请代父母，俱感贼得免。

【难点简注】

① 刃：名词作动词，杀害。
② 翼蔽：庇护，保护。

【释古通今】

盗不忍害

　　元代赖禄孙之母患病，当时正值蔡五九作乱，赖禄孙便带着母亲逃到南山。盗贼追至南山，将要杀害赖母。赖禄孙用身体保护母亲，并说："不要杀害我母亲，还是杀我吧。"盗贼为此不忍加害。有人将要夺走赖禄孙的妻子，众人责备盗贼说："怎能侮辱孝子的夫人呢。"盗贼无奈放回了赖妻。当时还有樊渊、郭狗儿，都在遇到贼兵时，请求代替父母赴死，感动了贼兵而得以幸免。

贼反赠物

【经典原录】

汉蔡顺少孤,事母至孝。遭王莽乱,岁荒不给[1],拾桑椹[2],以异器盛之,赤眉军见而问曰:"何异乎?"顺曰:"黑者奉母,赤者自食。"贼悯其孝,以白米三斗,牛蹄一只,赠之。

【难点简注】

① 给:供给。
② 桑椹:桑树的果穗,成熟时黑紫色或白色,味甜,可以吃。

【释古通今】

贼反赠物

汉代的蔡顺年少时父亲去世,对母亲很孝顺。遭逢王莽之乱,天下遇到饥荒,缺乏食物。蔡顺只得捡拾桑椹,盛放在奇特的容器中。赤眉贼见到蔡顺时询问道:"这是什么奇怪的东西?"蔡顺回答:"黑的是给母亲的,红的是自己吃的。"贼兵怜悯蔡顺的孝心,便赠给他三斗白米和一只牛蹄。

贼约不犯

【经典原录】

后汉孙期少为诸生，家贫，事母至孝，牧豕①以奉养。远人从其学者，皆执经②垄畔以追③之，里落④化⑤其仁让。黄巾贼起，过期里，约不犯孙先生舍。

【难点简注】

① 豕：猪，多用于书面语。

② 执经：拿着经书。

③ 追：追随学习。

④ 里落：乡里。

⑤ 化：受到……的教化。

【释古通今】

贼约不犯

东汉的孙期青年时，家境贫寒，对母亲非常孝顺，在家养了头猪，用来奉养母亲。许多人远道而来，手拿经书，坐在田垄边跟随孙期学习，因此乡里之中多受到儒家仁让风气的熏染。黄巾起义开始，农民军经过孙期乡里时，都相互约定决不侵犯孙先生的房舍。

盗戒勿犯

【经典原录】

《隋史》华秋事母以孝闻,母终①,庐墓侧。郡县大猎②,有一兔奔入庐,匿秋膝下。猎人至,异而免之。自尔此兔常宿庐中,诏表其门闾。后群盗起,往来庐之左右,咸戒③曰:"勿犯孝子。"乡人赖全活者甚众。

【难点简注】

① 终:去世。

② 大猎:大兴田猎。

③ 戒:通"诫",告诫。

【释古通今】

盗戒勿犯

《隋书》载华秋孝顺母亲,远近闻名。母亲去世后,华秋就住在墓冢旁边。郡县大兴田猎时,有只野兔跑到华秋的住处,藏匿在华秋的膝下。猎人追至华家,因对此事感到惊异而放过了兔子。此后这只兔子经常住在华秋家,华秋也因此而受到表彰。后来盗贼蜂起,经常路过华秋住处时相互告诫说:"不要伤害孝子。"因此很多乡邻凭华秋之名得以保全。

盗还衣服

【经典原录】

宋侯义佣①田事母。母卒,负土成坟,坟间瓜异蒂②,木连理③,巨蛇绕其侧,不暴④物,野鸽飞不去。尝遇盗劫其衣服。既而知其孝,悉还之。

【难点简注】

① 佣:租种。
② 蒂:瓜果等跟茎、枝相连的部分。
③ 连理:不同根的草木枝干连生在一起,古人认为是吉祥的征兆。
④ 暴:伤害。

【释古通今】

盗还衣服

宋代的侯义租地耕种以奉养母亲。母亲去世后,宋义亲自搬运土石,建造坟冢。坟地旁的瓜蒂不同寻常,而且树木连枝。环绕其间的巨蛇从不伤害别的动物,野鸽也不飞走。曾经有盗贼打劫了侯义的衣服,后听说侯义的孝行后,便全部归还了。

孝感篇

孝道的价值不仅体现在子女对父母的个人感情上,而且也是作为一种民族的传统美德而存在。这种美德不是通过一两个人的强制规定而出现,而是在我国悠久的历史发展中得到了普遍认同。因此孝道及其体现的子女对父母的情感具有很强的感染力。即使有些人可能在某些方面有为人不齿的恶行,但他可能在家里是个虔诚的孝子。以上数则故事中孝子的美行不仅在乡里广为传颂,而且使一些盗贼深为感动,不但没有伤害孝子的家庭,也没有侵犯孝子的乡邻。更有甚者还以物相赠,帮助孝子渡过难关。这既表现了盗贼人性未泯的一面,也说明孝道激发的是一种既朴素又崇高的人类感情,它可以超越一切人为的善恶区分,而在最广大的人群中得到共鸣。

虎即避去

【经典原录】

邱铎葬母凤鸣山原,哭曰:"铎生也咫尺不离吾母膝下,今逝矣,可委体魄于无人之墟乎?"乃结①庐墓侧,朝夕上食如生时。当寒夜月黑,悲风萧飚,铎恐母岑寂②也,辄巡墓侧号曰:"铎在斯。"其地多虎,闻铎哭声,即避去。会稽人异之,称为"真孝子"。

【难点简注】

① 结:建造。

② 岑寂:寂静,寂寞。

【释古通今】

虎即避去

邱铎安葬母亲于凤鸣山原,哭诉道:"我生来就没有离开母亲半步。如今去世,母亲难道要身处无人的荒墟吗?'邱铎于是在墓旁建造房屋,朝夕供奉祭品,一如母亲在世之日。每当寒夜月黑之时,风声呼啸萧索,邱铎恐怕母亲在地下感到岑寂,便环绕在墓侧号泣:"儿子就在这里。"当时山中有很多老虎,听到邱铎的哭声后,立即躲避而去。会稽人对此感到惊异,便称邱铎为"真孝子"。

虎忽弃之

【经典原录】

宋朱泰家贫,鬻①薪养母。一日入山遇虎,负之而去。泰已瞑眩②,行百步余,忽稍醒,厉声曰:"虎为暴食我,所恨③母无托④耳。"虎忽弃泰于地,走不顾,如有人疾驱之者。泰匍匐而归,不逾月如故。乡里闻其孝感,以金帛遗之,曰为"朱虎残"。

【难点简注】

① 鬻:卖。

② 瞑眩:头晕眼花。

③ 恨:遗憾,可恨。

④ 托：寄托，托付。

【释古通今】

虎忽弃之

宋代的朱泰家境贫寒，靠卖柴火奉养母亲。一天，朱泰上山时遇到老虎，被老虎掳去。此时朱泰已头晕目眩。被老虎拖走百余步时，朱泰忽然稍微清醒，便悲愤地说："老虎要伤害我，可恨母亲无人照顾！"老虎突然把朱泰放在地上，急忙头也不回地逃走，好像有人在急速地驱赶似的。朱泰爬着回家，没到一月便身体康复。乡邻听说朱泰的孝心感动了上天，都来赠送金帛，称他为"朱虎残"。

虎即舍去

【经典原录】

明包实夫授徒①数十里外，途遇虎衔入林中，释而蹲实夫。拜曰："吾被食命也，如父母失养何。"虎即舍去。后人名其地为"拜虎冈"。

【难点简注】

① 授徒：传授，教授课程，讲学。

【释古通今】

虎即舍去

明代的包实夫在离家数十里外的地方教学。有一次,他在途中遇到老虎,被拖入树林中。在放下包实夫后,老虎就蹲在旁边。此时包实夫对老虎叩头说:"我被吃是命该如此,但我的父母以后失去奉养,又当如何?"他说罢,老虎便立即离开了。后人就称那片树林叫"拜虎冈"。

虎曳尾去(一)

【经典原录】

明苏奎章从父入山,猝①遇虎,奎章泣②告,愿舍父食己。虎曳③尾去。

【难点简注】

① 猝:猝然,突然。

② 泣:名词作状语,哭泣地。

③ 曳:摇晃。

【释古通今】

明代的苏奎章跟随父亲进山,突然遇到老虎。苏奎章哭求,希望老虎能放过父亲,把自己吃掉,但老虎此时摇着尾巴离去了。

虎曳尾去(二)

【经典原录】

徐一鹏字季翔,性至孝。家贫,授徒海滨。一夕感异梦,及觉,语主人曰:"吾父殆有恙①,急驰归。"夜过一岭,遇虎于道,季翔祝②曰:"吾为父病驰归,即劘③虎牙,吾何怖焉。"虎曳尾而去。

【难点简注】

① 恙:疾恙,患病。

② 祝:祈祷。

③ 劘:削、切。

【释古通今】

虎曳尾去（二）

徐一鹏字季翔，生性非常孝顺，因家中贫困而到海滨教学养家糊口。一天晚上，徐一鹏作了个怪梦，醒来后告诉主家说："我父亲可能生病了，要赶快回去。"夜晚经过山岭时，徐一鹏遇到了老虎。情急之下，徐一鹏祝祷说："我因父亲生病急忙回家。此时即使被老虎吃掉，也没有什么可怕的。"说完老虎却摇尾离去了。

鸟耘兽耕

孝感篇

【经典原录】

虞舜父瞽①瞍②顽，母嚚③，弟象敖④，尝欲杀舜，使舜涂廪⑤，从下纵火焚廪，舜以两笠⑥自飞而下。又使舜穿井，既深入，瞽瞍与象下土实井。舜从匿空旁出，耕于历山，历山之人，皆让畔，鸟为之耘，兽为之耕。后由尧禅位为天子。

【难点简注】

① 瞽：眼睛瞎。

② 瞍：眼睛没有瞳仁，看不见东西。

③ 嚚：蠢而顽固，奸诈。

④ 傲：傲慢。

⑤ 廪：粮仓。

⑥ 笠：斗笠。

【释古通今】

鸟耘兽耕

虞舜的父亲眼睛瞎并且顽劣，母亲奸诈，弟弟象也很倨傲。这三人打算加害舜。一次让舜粉刷粮仓，那三人却在粮仓下纵火，打算烧死舜，不料舜却能凭借两个斗笠便从仓顶飞下而安然无恙。后来三人又让舜去打井，等到舜深入井下，父亲瞽瞍和象突然以土掩埋水井。而此时舜又从井下旁边的小洞爬出，三人的奸计仍没有得逞。舜在历山耕作，当地百姓都能互相谦让，而且鸟兽都来帮助舜耕田。因此尧在后来将天子之位禅让给舜。

能在日常生活中很好地照顾父母的起居固然是一种孝敬，而到危难之时能挺身而出，不顾个人安危地救助父母，就更是值得肯定和赞扬的品德。其中有几则故事通过设置极其危险的场景，抓取了生活中的典型镜头，极力突出了孝子面对危险而忘我保护父母的可贵品质。他们的义举最终化险为夷，甚至使猛兽仿佛受到了人性的感染而具有了某种灵性。至于舜的"鸟耘兽耕"，则是借描写舜的家人一次次对他的陷害来反衬舜的大度和仁爱，这种大度和仁爱就是舜对于家人的爱和对父母的孝敬。舜也是以此出众的品质赢得了世人的尊重，鸟兽因此受到感染而帮助舜，尧最终将天子之位禅让给了舜。这些颇具传奇色彩的故事可以让读者在欣赏精彩故事情节的同时感受到孝道的伟大,从而使这一美德得到艺术化的展现。

猛兽驯扰（一）

【经典原录】

　　晋许孜二亲没①后,筑墓,躬自负土,不受人助。每一悲号,鸟兽翔集,墓列松柏,时有鹿犯其松栽,孜悲叹曰:"鹿独不念我乎?"明日鹿为猛兽所杀,置于松下。孜怅恍,乃为作冢。猛兽即于孜前自扑而死,孜益②叹息,又埋之。自后树木滋茂而无犯者,积二十余年。朝夕奉亡如存,鹰雉栖其梁庐,鹿与猛兽扰其庭圃③,交颈同游,不相搏噬。邑人号其居为"孝顺里"。

孝
感
篇

【难点简注】

　① 没:通"殁",去世。
　② 益:更加。
　③ 圃:种蔬菜、花草的园子和园地。

【释古通今】

猛兽驯扰（一）

　　晋代许孜的双亲去世后,他都是亲自搬运土石,建造墓冢,不肯接受旁人的帮助。每当许孜悲泣之时,鸟兽都会聚集过来。墓冢旁边栽有松树和柏树,时常受到野鹿的烦扰。许孜为此悲叹道:"鹿儿就不能为我考虑吗?"第二天野鹿便被猛兽所杀,尸体就放在松树下。许孜感觉怅惋,于是为野鹿做了坟冢,猛兽也在许孜面前撞死。许孜更加叹息,又将猛兽埋葬。此后墓地的树木枝繁叶茂,再也没有烦扰达二十多年。许孜朝夕祭奠双亲亡灵,一如父母在世时。鹰雉栖息于许孜的房梁上,鹿和猛兽来到许家庭围,一起安静地玩耍,没有相互噬咬。因此邻邑称许家为"孝顺里"。

猛兽驯扰(二)

孝感篇

【经典原录】

晋夏方家遭疫,父母伯叔死者十三人。方年十四,夜则号哭,昼则负土,十七载葬送得毕。因庐墓侧,种植松柏,乌鸟猛兽,驯扰其旁。

【释古通今】

猛兽驯扰(二)

晋代夏方家遭遇疫病,父母伯叔等死亡者达十三人。当时夏方十四岁,每到夜晚都会悲伤哭泣,白天则是亲自搬土建墓,经过十七年才将丧事料理完毕。此后夏方就居住在墓地旁边,并种植了松树柏树,许多禽鸟猛兽也聚集在墓旁与其朝夕相处。

猛兽下道

【经典原录】

　　吴逵经荒饥疾病,合门①死者十有三人。逵时亦病笃,其丧皆邻里以苇席裹而埋之。逵夫妻既存,家极贫窘,冬无衣被,昼则佣赁,夜烧砖甓②。昼夜在山,未尝休止。遇毒虫猛兽,辄为之下道③,期年成七墓十三棺,时有赒赠,一无所受。太守张崇义之,以羔雁之礼礼④焉。

孝感篇

【难点简注】

　　① 合门:一家,全部。

　　② 甓:窑。

　　③ 下道:让路。

　　④ 礼:名词作动词,待之以礼。

【释古通今】

猛兽下道

　　吴逵家因饥荒而得病,一家死者达十三人。当时吴逵也病情严重,吴家的死者都是乡邻帮忙用苇席裹起来而埋葬的。吴逵夫妻后得以幸存,家中非常困窘,冬天没有衣被,白天外出做工,晚上还要在砖窑烧砖。因此夫妻昼夜都在山上,未曾休息,遇到毒虫猛兽就为其让路。一年后,吴逵夫妻建成七座墓穴和十三个棺椁。当时曾有人向吴逵赠送财物,吴逵都没有接受。太守张崇义赞赏吴逵的高义,便礼遇吴逵以官员之礼。

猛兽绝迹

【经典原录】

　　梁宗室修年十二,丁①母艰。自荆州反②葬,中江遇风,前后部伍③多沉溺。修抱柩长号,血泪俱下,竟得无佗④。葬讫,庐墓次⑤。山中多猛兽,至是绝迹。野鸟驯狎⑥,栖宿帘宇。武帝嘉之,以颁告宗室,后官于汉中,人号为慈父。时有田一顷,将秋遇蝗。修躬至田所,深自咎责,或请捕之,修曰:"此刺史无德所致,捕之何补?"言毕,忽有飞鸟千群,敝日而至,瞬息之间,食虫遂尽而去,莫知何鸟。

【难点简注】

　　① 丁:丁忧,为父母守丧。

　　② 反:通"返"。返回。

　　③ 部伍:人群。

　　④ 佗:危险。

　　⑤ 次:旁边。

　　⑥ 狎:态度亲近。

【释古通今】

猛兽绝迹

母亲去世,年仅十二的梁修扶灵柩从荆州返回家乡安葬。中途渡江时遇到大风浪,附近有很多船只沉没了。梁修抱着灵柩一直哭泣,血泪俱下,最后竟安然无恙。安葬后,梁修居仁在墓地旁边。原来山中有许多猛兽,而此时却已绝迹。一些自在可爱的野鸟都栖息在梁修家的房梁上。武帝嘉许梁修的孝行,并将此颁告宗室众人。后来梁修到汉中做官,当地人都称他慈父。当时有一项田地遭遇蝗灾,他便亲自来到田间,深刻检讨自己的过失。有人曾建议捕灭蝗灾,但梁修说:"这是刺史无德失政所致,派人捕灭恐怕也无济于事。"说完,忽然天空出现千群飞鸟,数量之多甚至遮蔽了太阳。转瞬之间,这些鸟就徐尽了蝗虫,但大家都不知道这是什么鸟。

孝感篇

豺狼绝迹

【经典原录】

陈史司马嵩幼性至孝。丁父艰,庐墓侧。旧多猛兽,嵩结庐数载,豺狼绝迹,特出大中大夫。

【释古通今】

豺狼绝迹

《陈书》载,司马嵩幼年就很孝顺。父亲去世,他便住在墓地旁边。墓地曾经有很多猛兽,但在司马嵩住宿期间,豺狼绝迹。为表彰其孝心,后来司马嵩担任大中大夫。

群雁俱集

【经典原录】

晋吴隐之事亲孝谨。及执丧,哀毁过礼,每哭,恒有双鹤警叫。祥练①之夕,群雁俱集。

【难点简注】

① 祥练:"祥"原指父母丧后满一周年之祭,后因以"祥练"指丧期或丧服。

【释古通今】

群雁俱集

晋代的吴隐之对父母孝顺恭谨。在双亲的丧礼期间,他悲伤至极的行为超越了礼法规定。每当家人哭泣时,吴家常有两只鹤飞来鸣叫。祭祀的当晚,群雁也聚集在吴家附近。

慈乌来集

【经典原录】

> 北齐萧放居父丧,以孝闻。所居庐前,有二慈乌来集,驯庭饮啄。每临放哭时,舒翅悲鸣,时以为孝感。

【释古通今】

慈乌来集

北齐萧放在家守父丧,以孝心闻名。当时曾有两只慈乌飞到萧家房前,自在可爱,饮水啄木。每当萧放哭泣时,这两只慈乌都会展翅悲戚地鸣叫,时人以为是孝心所致。

孝
感
篇

彩雀丛集

【经典原录】

> 宋支渐年七十,持[①]母丧,负土戌坟,白蛇白兔扰[②]其旁,白鸽白乌集于珑木。五色雀至万余,回翅悲鸣,若助哀者。

【难点简注】

① 持:操持。

② 扰:骚扰。

【释古通今】

彩雀丛集

年已七十的宋支渐在家守母丧,亲自搬土建造墓冢。当时有白蛇白兔在旁边烦扰,白鸽白乌停落在珑木上,还有万余只五色雀时常飞过来,悲戚地鸣叫,好像是在增加哀痛的气氛。

慈乌衔土

【经典原录】

宋周尧卿年十二,丧母。倚庐三年,既葬,慈乌百数,衔土集垄①上。

【难点简注】

① 垄:在耕地上培成的一行一行的田埂。

【释古通今】

慈乌衔土

宋代的周尧卿十二岁,母亲去世,他在家守丧三年。安葬后,数百只慈鸟都衔着泥土聚集在田垄上。

双鹤来下

【经典原录】

南史庾域为太守,妻子犹①使井②臼③,余俸专供奉养。母好鹤啼,域营求不怠,一旦,双鹤来下,论者以为孝感。域子子舆五岁读《孝经》,手不释卷,父迁蜀卒,奉丧还家。秋水甚壮④,巴东有淫预石,水高二十许丈,及秋至,才如见。次瞿塘大滩,行旅忌⑤之,子舆抚心长叫,夜五更,水忽减退,安流南下。及度,水复如旧。时人为之诗曰:"淫预如幞本不通,瞿塘水退为庾公"。初发蜀,有双鹤巢舟中。及至,又栖庐侧。每闻哭立,必飞翔悲鸣。

【难点简注】

① 犹:仍然。

② 井:名词作动词,在井中汲水。

③ 臼:名词作动词。舂米的器具,用石头或木头制成,中部凹下。以臼舂米。

④ 壮:形容水势巨大。

⑤ 忌:担心。

【释古通今】

双鹤来下

《南史》载,庾域做太守时,其妻子仍使用井臼打水舂米,其余的俸禄都专门用于奉养母亲。母亲喜爱白鹤的鸣叫,为此庾域不遗余力地寻找白鹤。一天早晨,两只白鹤飞到庾家,时人以为是庾域的孝心所致。庾域的儿子庾子舆五岁读《孝经》,爱不释手。父亲在蜀地为官时病死,子舆乘船扶灵柩返回家乡。当时正值秋天,水浪高涌,子舆曾听闻巴东淫预石的水势有二十多丈,秋天即可看到,其后的瞿塘大滩更是过往行旅之人担心的地方。所以此时困于行程的子舆忧心如焚,大声喊叫。夜里五更时,江水忽然减退,这才使得子舆安然通过。等子舆通过后,水流激涌恢复如旧。时人作诗道:"淫预如幞本不通,瞿塘水退为庾公"。刚从蜀地出发时,曾有两只白鹤在子舆舟中作巢,后来子舆到家,两只白鹤又栖息在房庐旁边。每当家人哭泣时,两只白鹤便飞起来悲戚地鸣叫。

鸟亦悲鸣

【经典原录】

北史纽因性至孝,父母丧,庐墓侧,庐前生麻一株,高丈许,围之合拱①,冬夏恒青。有鸟栖上,因举声哭,鸟即悲鸣,时人异之。

【难点简注】

① 合拱:两手相合,臂的前部上举形成的距离。

【释古通今】

鸟亦悲鸣

《北史》载,纽因生性非常孝顺。父母去世后,他就住在父母墓地的旁边。房前生出一株麻,一丈多高,有一人的怀抱那么粗,冬夏常青。麻上曾有鸟停栖,每当纽因哭泣时,鸟儿也会悲戚鸣叫,时人以为是奇异之事。

犬亦悲号

【经典原录】

程普林事亲以孝闻。父母终,庐墓侧,盛冬惟着单缞①。家有乌犬,随在墓。普林哀临,犬亦悲号,见者嗟②异。

【难点简注】

① 缞:用粗麻布做成的衣服。

② 嗟:叹息。

【释古通今】

犬亦悲号

程普林孝顺双亲,远近闻名。父母去世,他就住在墓地旁边,冬天最冷时只穿一件单衣。家里有只黑色的狗,跟随住在墓旁。每当程普林悲伤哭泣时,这只狗也哀戚号叫,看到的人都感叹其奇异。

妙笔点评

古人曾总结孝子的"五致",其中在要求子女对待父母的丧祭时有"丧则致其哀,祭则致其严"。这说明古人将子女对父母的丧祭之事看作孝道的重要组成部分。儒家文化对孝子在丧祭仪式方面有非常具体的规定,如《论语》中的"死,葬之以礼,祭之以礼",而且《孝经》中的《丧亲章》还说明了人子所应尽的礼制和道理。这些有点儿繁琐的仪典是生者对死者寄托哀思的方式,孝子在这方面更显得重要,因此承担的责任也就更多。上述几则故事都是描写了孝子在父母丧期内的种种悲痛表现,以及他们的伤痛之情最终感动了上天,致使一些奇异之事发生,如猛兽无所侵扰,鸟禽悲鸣以助哀。这些故事都带有万物有灵的色彩,认为人性与物性是相通的,这种朴素的认识包含着人们美好的希望,即这些奇异表现了孝子感天动地的美德。

犬乳邻猫

【经典原录】

唐李迥秀少聪悟,母少贱①,妻常詈②媵婢③,母闻不乐。迥秀即出④其妻。或问之,答曰:"娶妻要事姑,苟违⑤颜色,何可留。"所居堂,产芝草,犬乳邻猫,中宗以为孝感。

【难点简注】

① 贱:出身低微。

② 詈:斥责。

③ 媵婢:陪嫁的丫环。

④ 出:赶走。

⑤ 违:违逆。

【释古通今】

犬乳邻猫

唐代的李迥秀幼年很聪明。母亲出身低微,因此当李炯秀的妻子经常责备婢女时,母亲听到时都会感到心中不快。李迥秀为此立刻赶走了妻子。有人问他缘由,李炯修回答:"娶妻就是要侍奉婆婆。如果惹得婆婆不高兴,那还怎能留下她呢。"李迥秀的住所产芝草,李家的狗还给邻居家的猫哺乳,唐中宗认为这都是李迥秀孝心所致。

祷河得鳜

【经典原录】

查道事母以孝闻。母尝病,思鳜①羹。方冬苦寒,道泣祷于河,鉴②冰取之,得鳜鱼尺许以馈。又刺臂血写佛经,母疾寻③愈。后官右司郎中,出知虢州,岁歉④,出官廪米赈之,又设粥糜以救饥者,所全活万余人。平居禄赐所得,辄散施亲族。与人交,多所周给,深信内典⑤,居多茹素,享年至六十四 论者以为积善所延也。

【难点简注】

① 鳜:又叫花鲫鱼,是我国的特产。

② 柬：凿开。

③ 寻：不久。

④ 歉：歉收。

⑤ 内典：多指佛教经典。

【释古通今】

祷河得鳜

查道孝顺母亲，远近闻名。母亲曾经得病，想吃鲫鱼羹。当时正值寒冷的冬季，查道悲戚地在河边祈祷，然后凿冰捕鱼，果然得到一条一尺多长的鲫鱼。后来他又以刺出的臂血书写佛经，母亲的疾病不久就痊愈了。查道此后官至右司郎中，出仕虢州。有一年当地粮食歉收，查道打开官仓赈济灾民，并设粥铺救济饥饿之人，使万余人得以保全生命。而平时得到的俸禄和赏赐，查道都会散施给亲戚族人。与人交往，查道也时常帮助朋友。他长斋奉佛，平时多吃素食，享年六十四，大家以为这是他多年行善而使寿命延长。

卧冰得鲤

【经典原录】

王祥琅琊人，性至孝。继母朱氏不慈，数谮①之，失爱于父。每使扫除牛下，祥愈恭谨。父母有疾，衣不解带，汤药必亲尝。母尝欲食生鱼,时天寒冰冻,祥解衣,将剖②冰求之。冰忽然自解,双鲤跃出。母又思黄雀炙,有雀数十,飞入其幕,复以供母。有丹奈③结实,母命守之。每风雨,辄抱树而泣。其笃孝纯至如此,至今山东孝河,虽严寒不冻。

【难点简注】

① 谮:诬蔑,中伤。

② 剖:凿开。

③ 奈:苹果的一种。

【释古通今】

卧冰得鲤

王祥是琅玡人,生性非常孝顺。继母朱氏对王祥不和善,屡次诬陷他,使得王祥失去了父亲的好感。每当被支使打扫牛棚时,王祥都更加恭敬谦谨。父母曾经得病,王祥未尝解衣,所用汤药都会事先亲自尝试。母亲想吃活鱼,当时正值天寒地冻,王祥却不顾寒冷,解衣下河,正要凿冰时,河冰却突然自动融化,两条鲤鱼跃出冰面。母亲又想吃烤黄雀,于是又有数十只黄雀飞来,王祥于是以此供养母亲。当时曾有苹果树结果,母亲命王祥前去看守。每当风雨到来,三祥就会抱树哭泣。他的孝心如此纯正,使得山东的孝河至今在严寒之时也不会冰冻。

❋ ❋

妙笔点评

稍有古典常识的读者对"卧冰得鲤"可能早已耳熟能详，王祥的故事已经成为我国古代"二十四孝"之一，这些故事都是讲述孝子义举的佳话，其中尤以王祥最为著名。其实本则故事中，王祥对父母的孝敬远非"卧冰得鲤"一事所能概括。他曾经衣不解带地照顾病中的父母，也曾奉母亲之命去照看果树，所以王祥的孝义一贯如此，而之所以把"卧冰得鲤"单独标出，主要是这件事最能体现王祥那令人感动的孝心，此事的意义已经超越了普通的孝子故事而具有了永恒的意义，其典型性不言而喻。而且"卧冰得鲤"的王祥尽心侍奉的是曾经伤害过自己的继母。面对情与礼的矛盾，王祥毫不犹豫地选择了后者，坚守孝敬之道，因此他的'孝心能感动天地也就不难理解了，同时此事也成为传之久远、为人津津乐道的孝子故事。由此可见，出于感激父母恩情的孝敬固然值得敬佩，像王祥这样以德报怨而毫无怨言的大孝则更让后人感动。

孝感篇

舍侧跃鲤

【经典原录】

汉姜诗事母至孝，妻庞氏奉姑尤谨。母性好饮江水，妻常出汲而奉之。母嗜①食鱼脍，夫妇常作以进。召邻母共食，舍侧忽有涌泉，味如江水，日跃双鲤，诗取以供母。

【难点简注】

① 嗜：非常喜欢。

【释古通今】

舍侧跃鲤

汉代的姜诗非常孝顺母亲。妻子庞氏侍奉婆婆尤其恭谨。母亲生性喜欢饮江水，庞氏便常出去打江水来奉养母亲。母亲喜爱吃鱼脍，因此夫妇两人经常做好端给母亲，并且邀请邻居的母亲一起吃。后来房舍旁忽然有泉水涌出，味道很像江水，而且每天都会有两条鲤鱼跃出，姜诗便将其取回做给母亲吃。

孝感篇

跃鲤入舟

【经典原录】

元至顺间，永平龙遵母，病肿，三年不能起。忽思食鱼，遵求于市①不得。归途叹恨，忽有鲤鱼跃入其舟，作羹以献，母悦病瘥②。

【难点简注】

① 市：市场。

② 瘥：病情痊愈。

【释古通今】

跃鲤入舟

元代至顺年间,永平龙遵的母亲因病而身体肿痛,三年卧床不起。突然有天母亲想吃鱼,龙遵便到市场购买却没有买到。返回途中,龙遵唉声叹气,此时忽然有鲤鱼跳到龙遵的船上,龙遵于是将此鱼做成汤羹给母亲吃,母亲大喜过后便病体痊愈了。

水獭献鱼

【经典原录】

胡光远母丧庐墓,一夕梦母欲食肉,晨起,将求鱼以祭①。见生鱼五尾列墓前,俱有齿痕。邻里惊异,共聚观。有獭②出草中,浮水去,众知是獭所献,以状闻于官,表其闾。

【难点简注】

① 祭:祭祀。
② 獭:水獭。

【释古通今】

水獭献鱼

胡光远在母亲去世后便住在墓冢之侧,一天晚上他梦见母亲想要吃肉。早晨起来，胡光远正要去捕鱼以祭奠母亲，却看到有五条鱼陈列于母亲墓前，而且都有咬过的痕迹。感到惊异的邻人都来旁观，突然见草中有一只水獭出没，后来顺水游走了，大家这才知道墓前之鱼是水獭所献，于是就将此事上报官府，胡家因此受到了表彰。

哭竹生笋

【经典原录】

　　吴孟宗少丧父，母老疾笃。冬月思笋煮鱼羹食，宗无计可得，乃往竹林，抱竹而哭。须臾地裂，出笋数茎，持归作羹以奉母。食毕疾愈。冬笋之名自此始。故名其竹曰"孟宗竹"。

【释古通今】

哭竹生笋

吴孟宗年幼丧父，母亲年迈病重。这年冬天，吴母想吃笋煮鱼羹，吴孟宗对此无计可施，于是去竹林抱竹哭泣。不久大地突然裂开，地上长出几棵笋，吴孟宗便拿回家做成汤羹给母亲吃，母亲吃完便身体痊愈。冬笋之名就由此而来，所以这种竹又叫"孟宗竹"。

哭泽生堇

【经典原录】

刘殷七岁丧父，哀毁过礼，服丧三年，未尝见齿①。曾祖母王氏盛冬思堇②而不言，食不饱者一旬矣。怪而问之，王言故。时殷年九岁，乃于泽中恸声不绝者半日。忽若有人云"止止"，收泪视地，便有堇生焉，得斛余而归，食而不减，至堇生时乃尽。人嘉其至性感通。

孝
感
篇

【难点简注】

① 齿：名词作动词，吃荤食。
② 堇：多年生草本植物，叶子略呈肾脏形，边缘有锯齿，花瓣白色，有紫色条纹，也叫堇堇菜。

【释古通今】

哭泽生堇

刘殷七岁时，父亲去世，他悲伤过度，服丧三年，没有吃荤食。曾祖母王氏在深冬时节很想吃堇菜却一直隐忍不言，十天都没有吃饱过饭。刘殷感到奇怪就询问原因，王氏便以实相告。当时刘殷年仅九岁，听到曾祖母的话后跑到山泽中痛哭了半天。忽然好像有人说"停停"，刘殷擦干眼泪，看到地上生出了堇菜，于是摘了一斛多带回家。奇怪的是，带回的堇菜每次吃过后数量却不见减少,像这种情况一直持续到来年蕫菜生长之时。人们都赞赏这是刘殷的孝心感动了上天。

寒日得瓜(一)

【经典原录】

宗琼母病,寒日思瓜,琼梦想见之,求而遂获。时人异之。

【释古通今】

寒日得瓜(一)

宗琼的母亲得病,冬天想吃瓜,宗琼梦中得到指点,寻找到了瓜。时人都感到惊异。

寒日得瓜(二)

【经典原录】

元王荐性孝。母沈氏病渴,思食瓜。时大雪①,求不得。荐避雪树下,仰天哭。忽见岩石间,青蔓披离,有二瓜焉。摘归奉母,渴顿②止,宣慰使上状旌之。

【难点简注】

① 大雪：名词作动词，天下大雪。

② 顿：顿时。

【释古通今】

寒日得瓜（二）

元代的王荐生性孝顺。母亲沈氏病中口渴，想吃瓜。当时正下大雪，没有买到瓜的王荐就在树下躲避大雪，仰天大哭。忽然他看到岩石间生出青色的藤蔓，藤条上恰巧有两个瓜。王荐于是将其摘下带给母亲。母亲吃后，口渴之感顿消。宣慰使听闻此事便上书旌表王荐。

孝感篇

杨梅冬食

【经典原录】

南史王虚之丧父母，二十五年，烟酢①不入口。疾病卧床，忽一人来问病，曰："君病寻差。"俄而②不见，果差③。庭中杨梅，隆冬三实④，所居室，夜有光如烛，墓上橘树一冬再实。诏榜门，蠲⑤其役。

【难点简注】

① 酢：客人向主人敬酒。此处借指喝酒。

② 俄而:不久,一会儿。

③ 差:通"瘥",痊愈。

④ 实:名词作动词,结果实。

⑤ 蠲:免除。

【释古通今】

杨梅冬食

《南史》载,王虚的父母去世二十五年来,他从不抽烟喝酒。在自己患病卧床时,忽然有一人来说:"你的病很快会好。"说完那人就消失了,果然王虚的身体很快康复。王家的杨梅树在隆冬时节三次结果,所住的房间夜晚也有奇异的烛火光亮,父母墓上的橘树曾冬天两次结果。皇帝下诏旌表王虚,并免除了王家的赋役。

供花不萎

【经典原录】

南史萧懋七岁时,母病笃。请僧行道①,有献莲花供佛者,僧以铜罂盛水,渍②其茎,欲花不萎③。懋流涕礼佛曰:"若母因此和胜,愿诸佛令花不萎。"七日斋毕,花更鲜红。视罂中,稍有根须,当世称其孝感。

【难点简注】

① 行道：佛事中道场作法。

② 渍：浸渍，滋润。

③ 萎：枯萎。

【释古通今】

供花不萎

《南史》载，萧懿七岁时，母亲病重，家中便请来僧人施法行道以驱病魔。当时有人进献莲花供奉佛祖，僧人于是用铜罂盛水，把莲花置于其中以滋润花茎，使之不枯萎。萧懿流涕敬佛时说："若母亲能够免除疾病之苦，就请佛祖令莲花不要枯萎。"七天斋戒完毕，莲花果然更加红艳，铜罂中的根须也愈见生长。当世之人称赞萧懿的孝心。

枯苗更生

【经典原录】

陈史吴明彻幼孤，性至孝，家贫无以葬，乃勤力耕种，亢旱①苗枯，明彻哭泣，仰天自诉。居数日，有自田还者云"苗已更②生"，疑为绐③己。及往田，竟如其言，秋而大获④，足充葬用。

孝感篇

【难点简注】

① 亢旱：天气干旱。

② 更：再次。

③ 绐：欺骗。

④ 获：收获，丰收。

【释古通今】

枯苗更生

《陈书》载，吴明彻幼年即成孤儿，生性孝顺，家贫无法安葬双亲，于是就辛勤耕种赚钱。但天气干旱，禾苗枯萎，这使得无奈的吴明彻只能仰天哭诉。几天后，有人从田间回来对吴明彻说"禾苗已重新生出"。吴明彻怀疑那人欺哄自己，但还是去田地看看，果如其所言，吴家田地秋收时收获颇丰，足够丧葬费用。

孝感篇

墓生灵芝

【经典原录】

唐许伯会举孝廉①，母丧，不御裘帛②，不尝滋味③，野火将逮④茔⑤树，悲号于天。俄而雨火灭。岁旱，涌泉，庐前灵芝生。

【难点简注】

① 孝廉:古代纯孝之人会被国家以"孝廉"征召为官。

② 裘帛:棉衣。

③ 滋味:形容词作动词,美味佳肴。

④ 逮:迫近。

⑤ 茔:坟地。

【释古通今】

墓生灵芝

　　唐代的许伯会被荐举为孝廉,母亲去世时,他不穿裘帛棉服,也不吃美食佳肴,野火将要烧到母亲墓旁的树木时,许伯会向天悲戚。不久天降大雨,将火扑灭。后来天气大旱,而许家地里却涌出泉水,房前生出灵芝。

天燠得冰

【经典原录】

　　元杨霖事母孝。母病热,更①数医无效。母曰:"惟得冰,我疾乃可愈。"时天气甚燠②,霖求冰不得。累日号哭,忽闻池中戛戛有声,拭③泪视之,乃冰澌④也。取以奉母,果愈。

【难点简注】

① 更：变换。

② 燠：暖、热。

③ 拭：擦干。

④ 凘：冰荏。

【释古通今】

天燠得冰

元代的杨霖孝顺母亲。母亲因病身体发热，换了几位医生医治都不见效果。母亲便说："只有冰块可以治愈我的病。"但当时天气炎热，杨霖找不到冰块，只得天天哭泣。这一天忽然听到池塘中有嘎嘎之声，杨霖擦干眼泪，看到池中有冰块，于是他就取回拿给母亲，果然母亲的身体很快痊愈了。

孝
感
篇

盛夏得冰

【经典原录】

明蔡毅中母病，盛夏思冰，盂①水忽冻。母丧，断酒肉，不入内寝②，庐居。有紫芝白鸟，千鸦集墓之异。

【难点简注】

① 盂:钵盂。

② 内寝:内房,里屋。

【释古通今】

盛夏得冰

明代蔡毅中的母亲患病,盛夏时节想要冰块降温,池水忽然结冰。母亲去世,蔡毅中断食酒肉,不进内房,就住在简陋的茅舍,当时曾有紫芝白鸟和许多乌鸦聚集在蔡母墓旁的奇异之事。

孝
感
篇

旱忽生泉

【经典原录】

南宋王彭少丧父母,家贫无以营葬。兄弟二人,昼则佣力,夜则号感,乡里哀之,乃各出夫力助作砖。砖须水而天旱,穿①井数十丈,泉不出。彭号天自诉,一旦大雾,砖窑前忽生泉水,乡助之者,并嗟有神异。葬竟②,水便自竭。太守刘伯龙依事表言,改其里为"通灵里"。

【难点简注】

①穿:开凿。

②竟:完结。

【释古通今】

旱忽生泉

南宋的王彭少年时父母双亡,家中贫困,故而无力安葬。为此王氏兄弟二人白天外出做工,晚上悲伤哭泣。乡邻怜悯他们,便各家出借一些劳力帮助王氏兄弟作砖石。作砖时需要水,但当时天气干旱,打井数十丈依然不见泉水流出。此时的王彭伤心至极,仰天哭诉。一天早晨,大雾弥漫,砖窑前忽然流出泉水,乡邻帮助的人都惑叹这是神异所致。葬仪结束,泉水自动枯竭。太守刘伯龙将此事如实上报,改王家乡里为"通灵里"。

孝
感
篇

庭忽涌泉

【经典原录】

唐宋思礼事母以孝闻。会①大旱,井池涸②。母赢疾,非泉水不适口。礼忧惧且悼。忽有泉出诸庭,味甘寒,日不乏汲。柳晃刻石颂其孝感。

【难点简注】

① 会:赶上,正值。

② 涸:干涸。

【释古通今】

庭忽涌泉

唐代宋思礼孝顺母亲,远近闻名。一次,正值天气大旱,水井池塘都已干涸。而宋母因患疾病身体羸弱,只有喝泉水才合口味。宋思礼对此忧惧之余惟有祈祷。忽然一天,家中庭院流出泉水,味道甘甜清冽,水流源源不断且用之不竭。柳晃便将此事刻于石碑以颂扬其孝行。

孝 感 篇

墓侧涌泉

【经典原录】

唐安金藏母丧,庐墓侧,躬造石坟石塔,昼夜不息。原①上旧无水,忽涌泉自出,有李,盛冬开花,犬鹿相狎。闻于上,敕旌其间。

【难点简注】

① 原:宽阔平坦的山地。

【释古通今】

墓侧涌泉

唐代安金藏的母亲去世,他就住在墓旁的小屋里,亲自建造石坟石塔,昼夜不停。本来山原上没有水源,但此时忽然涌出泉水,而且李树在寒冬时节开花,各种动物也能和谐相处。皇帝听闻此事,下诏旌表安金藏。

火为之灭

【经典原录】

唐长沙有孝子古初,遭父丧未葬。邻人失火,初匍匐枢上,以身扞①火,火为之灭。太守恽郅异之,闻于朝而旌之。

【难点简注】

① 扞:抵触,抵挡。

【释古通今】

火为之灭

唐代长沙有位孝子古初,其父去世后尚未下葬。邻居家突然失火,古初惊恐地匍匐在父亲的灵枢上,用身体阻挡火势,大火此时却突然熄灭。太守恽郅对此感到惊异,并上书朝廷旌表了古初。

大火顿熄

【经典原录】

　　安徽六安县北门外,大火延烧五百余家。有傅正安者,母故,停柩在家。正安呼救邻家,帮同移去。时风狂火炽①,各居户方自救不暇,无一应者。正安乃号哭入室,卧柩下,愿同归于尽。其妻子亦携子女环其侧。已而火延入院,积草已燃。忽霹雳一声,大雨如注,火顿熄。左右邻居高垣②厚墙者,俱不获免。独正安室巍然无恙。

【难点简注】

　　① 炽:猛烈。
　　② 垣:高墙。

【释古通今】

大火顿熄

　　安徽六安县北门外的大火烧毁了五百多家居民。当时傅正安之母去世,灵柩还停在家中,傅正安此时向邻居呼救,打算把灵柩移走。但当时风势很大火势猛烈,各家已是自顾不暇,所以没人理会傅正安的求助。傅正安无奈只得哭着返回家,躺在母亲的灵柩之下,只愿同归于尽。傅妻也带着孩子陪在丈夫身边。不久大火烧入傅家宅院,草垛也被点燃。忽然一声霹雳,天降大雨,大火顿时被浇灭。左右邻居凡是有高大院墙的,都没有幸免。惟独傅正安家安然无恙。

屋独免烧

【经典原录】

何琦、沈敏有识度,好古博学,事母孜孜①,朝夕色养,常患甘鲜不赡②。出为宣城泾县令,丁母忧.居丧泣血,杖而后起,停柩在殡③,为邻火所逼,烟焰已交,家乏僮使④,计无从出,乃匍匐抚棺号哭。俄而风止火熄,堂屋一间免烧。其精诚所感如此。

【难点简注】

① 孜孜:勤快的样子。

② 赡:丰富充足。

③ 殡:停放灵柩。

④ 僮使:仆役。

【释古通今】

屋独免烧

何琦、沈敏颇有见识,好古博学,孜孜不倦地奉养母亲,两人经常担心母亲每天的膳食营养不够。后来担任宣城泾县令时,母亲去世,两人在家守丧,伤心至极,血泪俱下,仪式完毕才起身回去。当时母亲的灵柩正停放在家中,为邻居家的火灾所迫,火灾的危险迫在眉睫,但家中缺乏僮婢,无法将灵柩移走,何沈二人只得匍匐在棺椁上痛哭。不久风势停息,大火熄灭,何家仅堂屋一间幸免,这是两人精诚的孝心所致。

一屋仅存

孝
感
篇

【经典原录】

清康熙三十四年,苦旱。自春徂①夏,赤地②无青草。六月十三小雨,始有种粟者。十八日大雨,沾足乃种豆。一日石门庄,有老叟③,暮见二牛斗山上,谓村人曰:"大水将至矣。"遂携家播迁④。村人共笑。无何,雨暴注,彻夜不止。有蛟水突然骤发,平地水深丈余,居庐尽没。一农人弃两儿与妻扶老母奔避高阜⑤上,视村中已为泽国,并不复念及儿。水落归家,见一村尽成坟墓,入门视之,一屋仅存。两儿并坐床头,嬉笑无恙。彭南畇曰:"大水深丈余,人民死者殆尽。城郭尽墟,仅存一屋,则孝子某家也。茫茫大劫中,惟孝子嗣无恙。谁谓天公无皂白耶。"

【难点简注】

① 徂:到。

② 赤地:光秃秃的田地。

③ 叟:老人。

④ 播迁:迁徙。

⑤ 高阜:高地。

【释古通今】

一屋仅存

清代康熙三十四年,天下大旱。从春天到夏天,大地一片赤热,寸草不生。六月十三日下小雨,有人开始种粟,十八日下大雨,泥土沾鞋,已有人开始种豆。有一天在石门庄,有位老人于傍晚时分见二牛在山上争斗,对村人说:"大水快要来了。"于是带家眷迁离老家。但村人都嘲笑老人的举动。果然不久,大雨倾盆,彻夜不上,突然暴发了洪水,平地之水有一丈多深,村中房舍尽毁。一名农人放弃两个儿子,与妻子搀扶着母亲在高坡上躲避洪水,此时的村庄已是一片汪洋,但他并不顾念儿子的安危。等洪水消退,农人和妻子、母亲返家,看到整个村庄已是坟墓。自己回到家中,也只剩一间房屋,但两个儿子并坐在屋中的床上,嬉笑玩耍,安然无恙。彭南畇评论道:"洪水一丈多深,对人溺亡殆尽,城郭尽毁,仅剩一间房屋,就是那位孝子之家。在此洪水浩劫中,惟有孝子的儿子安然脱险。谁说上天不分青红皂白呢?"

反风灭火

【经典原录】

李辕最孝母。一夕有客来没宿,辕适临溪烹[1]鸡。既具[2]饭,不以供客,客怒不食。辕曰:"母病思肉,故烹一鸡,不及君也。"客愈怒而出。是夜屋后火起,将及庐,忽天雨,反风火灭,邻人奔视,见客卧火中,火炬犹在手,人已死矣。

【难点简注】

① 烹：烹煮。

② 具：做好。

【释古通今】

反风灭火

李辕对母亲最孝顺。一天晚上，有位客人要投宿，当时李辕正在溪边烹鸡做饭。等到饭做好后，李辕并未将做好的鸡送给客人，因此客人愤怒地拒绝吃饭。李辕说："我母亲病中想吃肉，这才烹烧一只鸡，故而没有为您准备。"客人听后更加恼怒。当夜李家屋后起火，将要烧到房舍，忽然天降大雨，随之而来的大风将火扑灭。邻人跑过来查看，见客人倒在火中，火把尚在手中，但人已死。

孝感篇

风返火灭

【经典原录】

元李茂事亲孝。母失明，茂祷于泰安山，三年复明。大德九年，扬州大火，延烧千余家。火及茂户，风返而灭。事闻旌之。

【释古通今】

风返火灭

元代的李茂孝顺双亲。其母失明，李茂便到泰安山祈祷，三年后，李母终于复明。大德九年，扬州发生大火灾，烧及一千多户。当大火烧至李茂家时，突来大风，扑灭火灾。此事上没后，李茂受到旌表。

水为退减

【经典原录】

庾子舆吉水人，其父出守巴西，迁宁蜀而卒。子舆扶柩归时，秋水方壮，而瞿塘流更湍急。子舆仰天大哭，水为退减十余丈。既过，水复如初。此纯孝之格天也。

【释古通今】

水为退减

庾子舆是吉水人，其父任巴西太守，后来在迁到蜀地时去世。子舆扶着灵柩返回，当时正值秋天，江水上涨，而瞿塘峡的水流更加湍急。子舆见状仰天大哭，此时水势突然减退十余丈。等子舆的船只通过后，水势又恢复如初。这是孝心的纯正感动上天所致。

凭板独生

【经典原录】

　　吴江吴某迎父丧于旅次[①]，贫不能归。函骨乘舟渡江，至中流[②]，风浪大作，舟将倾覆。时有同舟百余人，呼天请命。蒿师[③]曰："诸君有函骨舟中者，必于此舟不利，非抛弃之不可。"乃搜诸客，见函骨，哗曰："是已。"促[④]之投水中。吴某情急哀号，欲抱父骨跃身入水，乃向舟师求一板，庶几[⑤]凭而到岸。客乃缚[⑥]吴腰于板，入水中随波荡漾，水流至芦洲旁，木板抵芦苇，竟登岸不死。回视前舟，无一生矣。

【难点简注】

① 旅次：旅途中暂住的地方。

② 中流：水流的中央。

③ 蒿师：船夫。

④ 促：催促。

⑤ 庶几：连词，表示在上述某种情况之下才能避免某种后果或实现某种希望。

⑥ 缚：绑。

【释古通今】

凭板独生

吴江的吴某接到身在外地的父亲去世的消息,但因家贫,无法将父亲的灵柩带回。后来吴某带着骨灰乘船渡江返回,途中,船行至江中心时,突然风急浪高,船只将要倾覆。当时同舟之人百余位,都呼天抢地,请求救助。船夫此时建议:"此时舟中若有人带着骨灰,则必对此船不利。因此必须抛弃它。"大家随后在船中搜查,看到吴某之父的灵柩后都说:"就是这个了。"于是催促吴某将之抛弃。情急之下,吴某只得先怀抱父亲的灵柩跳入水中,并向船夫求要一个木板,打算以此为凭借游到岸边。于是大家将木板绑在吴某的腰上,吴某随水漂荡,水流到芦洲旁,木板碰到芦苇,吴某最终登岸而安然无恙。此时回头再看江中的船只,竟然无一幸免。

孝
感
篇

附木独生

【经典原录】

陈荣人事母至孝。天启中 郡城水灾,人民漂没①。荣与母两地随流,各附一木,及达岸,卒遇其母。先是官舫②中一郡守夜梦神告次午③有孝子附舟,守舣④船以待。至日中,一木冲岸,则荣附其上焉。守惊诘⑤何以孝遽⑥动天。荣曰:"某何知孝。惟一老母,顷刻不敢忘耳。"

【难点简注】

① 漂没：流离失所。

② 舫：船。

③ 次午：第二天中午。

④ 舣：使船靠岸。

⑤ 诘：问。

⑥ 遽：感动。

【释古通今】

附木独生

陈荣人非常孝顺母亲。天启年间，郡城遭遇水灾，灾民流离失所。陈荣人与母亲失散分开，各自抓住一个木板顺水漂流。等到岸后，陈荣人颇为意外地找到了母亲。原来此前官府的船只中有位郡守晚上曾梦见神人告知，在第二天中午会有孝子登船，因此郡守命船在岸边等候。等到中午时，一个木板到岸，上边载着的就是陈荣人。郡守惊异地问陈荣人是以怎样的孝心感动了上天。陈荣人回答："我哪里知道仁孝大义，只是对母亲时刻不敢忘怀而已。"

❀❀❀❀❀❀❀❀❀❀❀❀❀❀❀❀❀❀❀❀❀❀❀❀❀❀❀❀❀❀❀❀❀❀❀

大难之中，很多人都是只顾自己逃命。而在这种情况下，有人仍能始终如一地照顾父母脱离险境，其孝心可谓难得矣。这个故事，利用巧合的艺术，不仅使神灵托梦于官家，而且暗中保护孝子在大难中安然无恙，两条线索都是因陈荣人的孝心而起，最后又以孝心显灵而形成了大团圆结局。故事在最后也不忘将

孝感篇

陈荣人的真实想法和盘托出。他的孝心并非博取世俗的虚誉,而是出自对母亲难以割舍的真情。由此可见,陈荣人的孝心是褪除了功利目的的纯孝。所以,这种孝心才会有如此神奇的力量,不仅可以使深处险境之人逢凶化吉,而且还能使旁人受到深刻的教益。

俄而风息

【经典原录】

> 陈史阮卓性至孝。父于江州疾卒。卓年十五,奔丧,水浆不入口者累日,载柩还都。渡彭蠡湖,中流遇疾风,船几没者数回。卓仰天悲号,俄而风息,人以为孝感所致。

孝
感
篇

【释古通今】

俄而风息

《陈书》载,阮卓非常孝顺。其父在江州因病去世。当时阮卓十五岁,前去奔丧,伤心得几天滴水未进,不吃东西。后来他扶灵柩回家,乘船渡彭蠡湖时,遇到突如其来的大风,船只几次差点倾覆。阮卓见状仰天大哭,不久大风便停止了。人们都说这是阮卓的孝心所致。

俄而风静

【经典原录】

　　梁庾沙弥以孝行著。沙弥父佩玉坐事诛。沙弥年五岁,母为制彩衣,不肯服。问其故,流涕曰:"家门祸酷,用是何为?"终身布衣蔬食,丁母忧,丧还都。济①浙江,中流遇风,舫将覆②,沙弥抱枢号哭。俄而③风静,盖孝感所致。

【难点简注】

① 济:过河,渡。
② 覆:倾覆。
③ 俄而:不久。

【释古通今】

俄而风静

　　南朝梁的庾沙弥以孝心而闻名。其父庾佩玉因事被诛杀,当时沙弥年仅五岁。母亲为他做了彩衣,但沙弥不肯穿。母亲询问原因,他哭泣着回答:"家门遭此横祸,我穿彩衣又有何用?"因此庾沙弥终身穿布衣,吃素食。后来母亲去世,庾沙弥扶灵柩回家。乘船经过浙江时,途中遭遇大风,船只将要倾覆,庾沙弥当时怀抱灵柩痛哭流涕。不久江面上风平浪静,这都是沙弥的孝心所致。

众溺独全

【经典原录】

南史顾协事亲孝,为新安令,遭母忧,送丧还,于峡江遇风。同旅皆漂溺[1],惟协舟独全[2]。

【难点简注】

① 漂溺:沉溺而亡。

② 全:保全。

【释古通今】

众溺独全

《南史》载,顾协孝顺双亲。他任新安令时,母亲去世,顾协便带着灵柩返回故乡。在乘船渡江时遭遇大风,当时一同过江的船只都遇难沉没,惟有顾协的船得以幸免。

众没独全

【经典原录】

南史袁昂为豫章内史,丁母忧,以丧还。江路风暴,昂缚①衣于枢,誓同溺。及风止,余船皆没,昂船独全。

孝
感
篇

【难点简注】

① 缚:绑。

【释古通今】

众没独全

《南史》载,袁昂任豫章内史时,母亲去世,他就扶灵枢返回。渡江时突然遇到风暴,袁昂把自己和母亲的灵枢绑在一起,发誓一同沉没。后来大风停止,其他船只都已沉没,只有袁昂所在的船幸免。

众漂独存

【经典原录】

　　宋杜谊事父母孝。父母卒，庐墓。虎狼交^①于墓侧，不为害。吴越大水^②，推巨石流数十里，旁山民居庐墓，漂坏甚众。而独不及^③谊。

【难点简注】

　　① 交：围绕在……周围。
　　② 大水：名词作动词，发大水。
　　③ 及：伤及。

【释古通今】

众漂独存

　　宋代的杜谊孝顺父母。父母去世后，杜谊就住在双亲墓旁。当时墓地附近有虎狼出没，但却丝毫没有伤害杜谊。后来吴越之地发洪水，巨石都被洪水冲出了几十里，依山而修和建于墓地旁的民居，有很多都被大水冲毁。但杜谊家幸免于难。

舟忽自正

【经典原录】

宋苏颂知婺州,方溯①庐桐江,水暴迅②,舟欲覆。母在舟中几溺矣。颂哀号欲赴水救之。舟忽自正。母甫及③岸,舟乃覆。人以为孝感。

孝
感
篇

【难点简注】

① 溯:逆着水流的方向往上走。

② 暴迅:突然上涨。

③ 及:登。

【释古通今】

舟忽自正

宋代的苏颂任婺州知州,有一次他乘船溯流直上返回桐江,江水突然暴涨,船只将要倾覆,坐在船中的苏母眼看也有沉溺的危险。苏颂哭泣着要过去救母亲。突然船只自动调正方向,及时靠岸。母亲刚一上岸,船才倾覆。人们都认为是苏颂的孝心所致。

雨独不霑

【经典原录】

元杨皞母病剧[1]，皞叩天求代，遂痊[2]。如是者再[3]，后母失明，皞登太白山取神泉，洗之，复如故。母殁，葬日大雨，独皞墓侧前后数里雨不霑[4]土，送者大悦。

【难点简注】

① 剧：加剧。

② 痊：痊愈。

③ 再：两次。

④ 霑：通"沾"，浸湿。

【释古通今】

雨独不霑

元代的杨皞之母病情严重，杨皞向天叩首，请求替母受过，母亲病体就痊愈了。像这样的事情又发生过一次。后来杨母失明，杨皞登太白山取来神泉之水，为母亲洗眼，母亲的视力又恢复如初。杨母去世，下葬之日大雨如注，惟独杨母墓穴周围数里之内的泥土没有雨水沾湿，这使送葬之人大喜。

雨独不湿

【经典原录】

元王庸母卒，露处^①墓前，日夕悲号。一夕雷雨暴至，乡人持寝席往敝^②之。见庸所坐卧之地，独不霑湿，咸叹异而去。

【难点简注】

① 露处：睡在外面。
② 敝：通"蔽"，遮蔽。

【释古通今】

雨独不湿

元代王庸之母去世，王庸露宿墓前，每天都伤心悲泣。一天晚上，雷雨突然到来，乡人都急忙带着寝席赶往墓地，以使王庸可以遮蔽风雨。到了之后，大家见只有王庸住的地方没有雨水沾湿，便惊叹着回去了。

风雹便止

【经典原录】

　　北魏王崇以孝称。夏风雹①,所经②处,禽兽暴死,草木摧折。至崇田畔,风雹便止。禾麦十顷,竟无损落。及过崇地,风暴如初。咸称孝行所感,奏标其间。

【难点简注】

　　① 风雹:名词作动词,发生风雹天气。
　　② 经:经过。

【释古通今】

风雹便止

　　北魏王崇因孝顺而闻名。有年夏天,风雹突至,所到之处,动物都被砸死,草木都摧毁折断。到达王崇的田地时,风雹突然停止,十顷的禾苗小麦完好无损。越过了王崇的田地,风雹又恢复如初。大家都说这是王崇孝心所致,地方官于是上奏朝廷 嘉奖王家。

　　这几则故事与前面的"盛夏得冰"等故事有相似性,但相比之下,这些故事少了几分奇异,多了几分现实感,换言之,前面的故事更多的是天人比附的荒诞,而这几则故事更多的是生活的偶然性。古语有云："水火无情"，这是说大自然的灾难有时非常残酷，它不是以人的意志为转移的。而这几则故事中发生的事却正巧与这句古语相反，由于孝子对父母尽孝的"精诚所至"，那些原本无情的水火都在关键时刻远离了孝子之家。故事利用这种有趣的巧合一次次地肯定了孝子的孝道。其实，故事中的灾难就是对子女是否尽孝的检验。

孝
感
篇

众压独全

【经典原录】

元李忠事亲至孝。大德七年，地大震①。郇保山移所过，居民庐舍皆摧压。将近②忠家，分为二。行五十余步，复合。忠家独全。

【难点简注】

① 大震：名词作动词，发生大地震。

② 近：接近，迫近。

【释古通今】

众压独全

元代的李忠非常孝顺母亲。大德七年，发生大地震，经过郇保山时，附近的居民房舍都被地震摧毁。将要接近李忠家时，大地的裂痕突然一分为二，绕开了李家。移动了五十多步后，裂痕又合二为一。因此惟独李忠家在地震中幸免。

众损独佳

【经典原录】

> 吴国宝性孝友。亲丧,庐墓。大德八年,境内蝗害稼。惟国宝田无损,人以为孝感。

【释古通今】

众损独佳

吴国宝生性孝顺,待友热诚。双亲去世,他就住在墓旁。大德八年,庄稼遭遇蝗灾。惟独吴国宝家的田地完好无损,人们认为是他的孝心所致。

草人指路

【经典原录】

> 史彦斌嗜学有孝行,为水所漂。彦斌缚草为人,置①水中,仰天呼曰:"母棺被②水,不知何处。愿天矜怜③哀子之心,假④此刍⑤灵,

指示母棺。"言讫,涕泣纵横,乃乘舟随草人所之。经十余日,行三百余里,草人止桑林中。视之,母柩在焉。载归葬之。

【难点简注】

① 置:放在,放置。

② 被:遭遇,漂在。

③ 矜怜:怜悯。

④ 假:凭借。

⑤ 刍:(谦称)自己的。

【释古通今】

草人指路

史彦斌十分好学,孝心可嘉。当时遭遇洪水,史彦斌做成一个草人,放在水中,仰天大呼:"母亲的棺椁被水冲走,不知漂到何处。愿上天怜悯作儿子的一片苦心,假如上天显灵,请用草人指示母亲的棺椁在何处。"说完,史彦斌眼泪纵横,涕泣不止,乘船跟随草人漂流。经过十几天,走了三百多里路,草人停在一片桑林中。史彦斌进林察看,果然有母亲的灵柩,于是他就带回灵柩安葬。

竟赦夙①业

【经典原录】

　　吴二事母至孝。一夕梦神曰："汝夙业，明日当遭雷击。"吴以老母乞救，神曰："受命于天，不可逃也。"吴恐惊母，告母云："儿将它适②，请母暂归妹家。"母不许，俄雷声阗阗③，吴使母闭户。自出④田间待罪，后云气开霁，吴急归视母，犹未敢告，夜有梦，神曰："汝至孝感天，以赦夙恶。"

【难点简注】

① 夙：素有的，旧有的。

② 适：去，往。

③ 阗：充满。

④ 出：出去到。

【释古通今】

竟赦夙业

　　吴二非常孝顺母亲。一天晚上，吴二梦见神人说："你因前世有孽缘，明天将遭遇雷电袭击。"吴二以家中有老母为由乞求神灵帮助。神人说："这是上天的命令，不能逃脱。"吴二担心母亲受到惊吓，于是告诉母亲："儿子将出门，请母亲暂时到妹妹家。"母亲并不答应。不久就听到雷

孝感篇

声阵阵,吴二告诫母亲关好门,自己跑到田间等待惩罚。后来云雾散去,天气晴朗,吴二急忙回家看望母亲,仍不敢告诉母亲发生何事。当晚吴二又梦见有人说:"你的孝心感动上天,所以就赦免了你过往的罪恶。"

仙丸愈痼①

【经典原录】

南史邱杰遭母丧,不尝熟果②。岁余③,梦母曰:"死止是分别耳,何得荼苦乃尔。汝啖生菜,遇蛤蟆毒,灵床有三丸药,可取服。"杰惊起,果得瓯④,有药,服之,下科斗子数升。邱氏世保此瓯。

【难点简注】

① 痼:形容词作名词,经久难治的病。

② 熟果:煮熟的食物。

③ 岁余:一年多。

④ 瓯:盛水的瓶子或杯子。

【释古通今】

仙丸愈痼

《南史》载邱杰在母亲的丧事期间,不吃煮熟的食物。如此生活一年多后,这一天邱杰梦见母亲说:"死亡只是普通的分别,哪值得你如此受苦呢? 你吃生食物,会遇到蛤蟆毒。灵床有三粒药丸,可取来服用。"邱杰惊醒起来，果然有水瓶和药丸。于是邱杰服下药，然后吐出了几升蝌蚪子。因此邱家世代保存了那个水瓶。

神馈良药

【经典原录】

　　南史陆襄母卒，哀毁过度，心痛，医方须三升粟浆。时日暮，求索无所得。忽有老人诣[①]门货浆，量如方剂。方欲酬谢，无何[②]失之，时以为孝感所致。

【难点简注】

① 诣：到。

② 无何：没多久。

【释古通今】

神馈良药

　　《南史》载，陆襄之母去世，陆襄为此悲伤过度，以致心痛如绞。医生的药方中需要三升粟浆。当时天色已晚，没有买到粟浆。忽然有位老人来到陆家卖粟浆，数量恰好与药方所需相等。陆家刚要酬谢，老人却突然消失。时人以为是陆襄的孝心所致。

断指复生

【经典原录】

唐万敬儒五世同居,丧亲,刺血写经,断手二指,辄①复生。州改所居曰"成孝乡"。

【难点简注】

① 辄:又,不久。

【释古通今】

断指复生

唐代的万敬儒家已五代同堂。后来双亲去世,万敬儒刺破皮肤,以血书写佛经,以致两只手指折断,但不久长出新指。因此,州府改万家为"成孝乡"。

孝
感
篇

割乳复生

【经典原录】

宋杨庆母病,贫不能召医。取右乳焚之,以灰和药进焉,入口便差。久之,乳复生。守异之,名其方曰"崇孝",诏表其门。

【释古通今】

割乳复生

宋代的杨庆之母得病,但因家中贫困而不能就医。杨庆只得用自己的右乳做成汤,与灰和药混合后进呈给母亲。母亲喝后,病体立即痊愈。很久之后,杨庆的右乳奇迹般恢复。太守感到此事奇异,称杨家坊为"崇孝",并旌表杨庆的孝行。

孝 感 篇

至性冥通(一)

【经典原录】

周曾参事母至孝,参尝采薪山中,家有客至,母无措①,望参不还。乃啮②其指,参忽心痛,负薪以归。跪问其故,母曰:"吾啮指以悟汝尔。"

【难点简注】

① 无措:不知怎么办才好。

② 啮:咬。

【释古通今】

至性冥通(一)

　　周代曾参非常孝顺母亲,一次,曾参进山砍柴,家中碰巧有客人来访,母亲忙碌得手足无措,看曾参还不回来,着急之下便不自觉地咬着手指。曾参忽然感到心痛,于是背着柴火回家。到家后,跪地询问原因,母亲说:"我咬手指盼你回来。"

至性冥通(二)

【经典原录】

　　阮孝绪七岁出继①从伯允之,允之母周氏卒,遗财百余万,一无所受,尽以归允之姊琅玡王晏之母。闻者叹异之。幼至孝,性沉静,年十三,遍通五经,十五冠②而见其父彦之,诫曰:"三加弥尊,宜思自勖③。"答曰:"愿迹赤松子④于瀛海⑤,以免尘累。"自是屏居⑥一室,非定省,未尝出户,家人莫见其面,亲友因呼为居士⑦。年十六,父丧,不服绵纩⑧,虽蔬有味亦吐之。后于钟山听讲,母王氏有疾,兄弟欲召之,母曰:"孝绪至性冥通,必当自到。"果心惊而反,邻里嗟异之。合药须得生人参,旧传钟山所出。孝绪躬历幽险,累日不逢,忽见一鹿前行,感而随后,至一所而灭,果获此草。母服之,遂愈。时皆言其孝感所致。

孝感篇

【难点简注】

① 出继：给别人做继子。

② 冠：把帽子戴在头上，古代男子二十岁举行冠礼，表示已成年。

③ 勖：勉励。

④ 赤松子：道教神话中的不染世俗之气的一位仙人。

⑤ 瀛海：大海。这里特指道教神话中的仙山。

⑥ 屏居：独处。

⑦ 居士：不出家的信佛之人。

⑧ 纩：丝绵。

【释古通今】

至性冥通（二）

　　阮孝绪七岁时被过继给伯父王允之。王允之之母周氏病逝，有遗产百余万，阮孝绪分文不收，尽数送给三允之的姐姐琅玡王晏之母。听说此事的人都感到惊叹。阮孝绪年幼时就很孝顺，性格沉静，十三岁时就通览五经，十五岁受冠礼参见其父王彦之，王彦之告诫他说："佛祖在上，应当时刻反省自己。"阮孝绪回答："我愿意追随赤松子到瀛海，避免俗事拖累。"从此阮孝绪独处一室，如果不到省亲的规定时间，阮孝绪寸步不离自己的房间，家人都不容易见到他，因此亲友称他为居士。十六岁时，父亲去世期间，阮孝绪不穿棉质的丝帛衣服，所吃的蔬菜中稍有味感就弃之不用。后来阮孝绪在钟山听讲，其母得病，兄弟们打算召回阮孝绪，母亲说："孝绪的性情能通晓幽冥，必会自己返回。"果然阮孝绪心中感到惊异而返回家中，邻里对此事都很惊诧。阮母所服药中需要生人参，原来传说产于钟山。阮孝绪于是亲自冒险探寻，多日都未见到人参。忽然有一天，一只鹿走在前面，阮孝绪心中有所感而跟在鹿的后面。到达一地后，鹿却突然消失，而阮孝绪终于找到了人参。母亲服药后身体痊愈。时人都说这是阮孝绪的孝心所致。

至性冥通（三）

【经典原录】

　　南史宗元卿有至行，早孤①，为祖母所养。祖母病，元卿在远，辄心痛。大病则大痛，小病则小痛，以此为常。乡里尊之，号曰"宗曾子"。

【难点简注】

　　① 孤：形容词作动词，成为孤儿。

【释古通今】

至性冥通（三）

　　《南史》载，宗元卿性行至正，早年即成孤儿，由祖母养大。后来祖母每次得病，宗元卿身在远方时就会感到心痛。祖母大病时，宗元卿的心痛就会严重；祖母得小病时，宗元卿的心痛也会有小反应，这甚至成了习惯。

乡邻尊崇宗元卿,称他为"宗曾子"。

至性冥通（四）

【经典原录】

唐裴敬彝性端谨,父智周为力芟令,暴卒①。敬彝在长安,忽涕泣不食,谓所亲曰:"大人每有瘅处,吾辄不安。今日心痛,手足皆废,事在不测。"遂倍道②言归。具问父丧。

【难点简注】

① 暴卒:暴毙身亡,突然死亡。

② 倍道:急速,加快。

【释古通今】

至性冥通（四）

唐代的裴敬彝性格端正恭谨,父亲裴智周在任内黄令时突然去世。裴敬彝当时身在长安,忽然哭泣不吃东西,并对家人说:"每当父亲生病时,我都会感到心神不安。今天的心痛导致手足无措,因此可能父亲有不测之事发生。"于是他就急速赶回家。果然得知父亲的丧事。

至性冥通（五）

【经典原录】

唐张志宽丧父，哀毁骨立^①，为州里所称^②。贼帅王君廓屡为寇掠，不犯其闾，乡里赖之而免者百余家。为里正，诣县称母疾求归，令问其状，对曰："母有所苦，志亦有所苦。今患心痛，知母有疾。"令怒曰："妖妄之辞也。"系^③之狱，驰验其母，竟如所言。令异之，慰谕遣去。

【难点简注】

① 哀毁骨立：形容遭父母之丧，因非常悲痛而消瘦变样。

② 称：称道。

③ 系：关押。

【释古通今】

至性冥通（五）

唐代的张志宽之父去世，张志宽非常悲痛，身体日渐消瘦，此种孝心为乡邻所称道。后来贼帅王君廓屡次进犯抢掠，但始终不曾侵扰张志宽的家乡，乡里因此而幸免于难的住户有百余家。张志宽任里正时，向县令告假回家，称母亲病重。县令询问何以知道，张志宽回答："每当母亲病重痛苦时,我也会感到痛苦。如今我感到心痛,因此知道母亲病重。"县令怒斥道:"这是妖妄之辞。"于是将张志宽关入大牢,并派人回张家查看其母的情况,竟果如张志宽所言。县令感到惊异,便对张志宽一番慰问并送他回家。

❈❈❈❈❈❈❈❈❈❈❈❈❈❈❈❈❈❈❈❈❈❈❈❈❈❈❈❈❈

"母子连心"形容子女与父母的情感深厚,这种紧密的关系经过艺术化的夸张和变形,就会出现上述几则故事中的奇异之事。故事中的孝子虽然远在千里之外,对家中的事情一无所知,但与父母亲的深情可以使他们冥冥之中感受到父母亲的悲欢忧喜。当父母亲病重时,子女的身体也会有剧烈的反应。也许有人会说这有些荒诞,但情感的真挚才是这些故事最想表达的主题思想。故事就是要以这种表现手法突出子女对父母亲感情的心有灵犀。

孝
感
篇

格母悔改

【经典原录】

周闵损字子骞,早丧母。父娶后母,生二子,衣以棉絮,妒损,衣以芦花。父令损御①车,体寒失靷②,父察③知故,欲出后母,损曰:"母在一子寒,母去三子单。"母闻悔改。

【难点简注】

① 御:驾驶。

② 靷:引车前行的皮带。

③ 察:察觉,知道。

【释古通今】

格母悔改

周代的闵损字子骞,早年丧母。其父继娶后母,此后继母生两个儿子,平时穿着厚棉衣,但因嫉妒闵损,只让闵损穿单衣。父亲命闵损驾车,结果闵损因身体寒冷、体力不支而失去对车缰绳的控制。父亲知道缘由后,打算把继母赶出家门。闵损却说:"继母在家,只是我一个儿子感到寒冷。继母若被赶走,则是我们三个儿子感到孤单。"继母听说此言后悔恨万分,并改正了自己的行为。

✳✳✳✳✳✳✳✳✳✳✳✳✳✳✳✳✳✳✳✳✳✳✳✳✳✳✳✳✳✳✳

继母与整个家庭的关系问题是一个很有意思的话题。就大多数家庭来说,继母在进入一个新家庭后会千方百计地寻求确立自己的地位,这就难免与一些家庭成员产生矛盾。那么如何解决这种矛盾就是摆在相关家庭成员面前的重大问题。本故事中的闵损作为一个孝子,他就是很好地化解了眼看一触即发的与继母之间的矛盾。虽然闵损深受继母的虐待,但他并未因此而埋怨继母。甚至在父亲知道缘由后也没有落井下石,这种出于仁孝之心的义举终于感动了继母。故事就是要以闵损的大义和继母的嫉妒形成鲜明的对比,从而映衬出闵损以德报怨、立足家庭大局的精神。

格妇成孝(一)

【经典原录】

文安县民娶妇美而悍①,每苴夫外归,必泣诉其姑虐②。夫尝默然③。一夕灯下出利刃示妇。妇惊曰:"将安用此。"夫曰:"汝姑虐,今持此去,何如?"曰:"愿也。"夫曰:"汝且更谨事之,使四邻皆知汝谨而姑虐,然后行事。"妇如其言,下气悦色,晨昏供持④,几一月矣。夫复持刀叩妇曰:"姑日来视汝若何?"曰:"非前比矣。"又一月复叩之,妇叹然曰:"姑今好甚,前事慎勿作。"夫徐握刀怒视之曰:"汝见世间有夫杀妇者乎?"曰:"有。""复见有子杀母者乎?"曰:"未闻也。"夫曰:"父母之恩,杀身难报。娶妇正为奉舅姑耳。我察汝不能承顺⑤吾母,反令我为大逆。造此刃者,实欲断汝首以快母心。且贷汝两月,使汝改过承颜,表吾母善待汝,而安受吾刃也。"妇战惧泣拜曰:"幸恕我,我终身不敢逆姑。"跪恳久之,乃许。自后姑妇交睦,卒成慈孝两全。

孝
感
篇

【难点简注】

① 悍:骄悍,蛮横。

② 虐:虐待。

③ 默然:默不作声,沉默的样子。

④ 供持:奉养老人。

⑤ 承顺:顺着,照顾。

【释古通今】

格妇成孝（一）

文安县有个人，他娶的夫人虽然漂亮，但却娇悍，每当丈夫外出回家

后，便哭诉抱怨婆婆不仁慈。丈夫对此默然不语。一天晚上，丈夫拿出一把锋利的匕首给妻子看，妻子大惊道："这是何意？"丈夫便说："母亲既然不仁慈，我准备杀了她，你觉得如何？"妻子说："很好呀。"丈夫又说："你先假装勤谨地照顾她一个月，让别人知道你的孝心和我母亲的恶劣，然后再悄悄地杀了她。"妻子依照丈夫的说法，和颜悦色地照顾婆婆。过了一个月，丈夫又拿着刀问妻子："母亲最近对你怎么样？"妻子说："非以前可比。"又过了一月，妻子感叹道："母亲现在对我很好，以前约定之事不可做。"丈夫此次愤怒地说："你见过世间有丈夫杀害妻子的吗？"妻子回答："有。""那你见过有儿子杀害母亲的吗？"妻子说："没有听说过。"丈夫说："父母的养育之恩，儿女用生命都难以报答。娶妻正是为了奉养公婆，但你不仅不能孝顺我的母亲，反而教唆我做这样的大逆之事。其实这把刀本来是想用来杀你来安慰母亲的。后来姑且宽限你两个月的时间，让你改过自新，以此显示母亲对你的善待之意，然后让你安心赴死。"妻子战栗惊惧地哭泣叩头说："请饶恕我，我终身再不敢悖逆婆婆。"跪地恳请了很久，丈夫才饶恕妻子。此后婆婆和儿媳和睦相处，最终成为婆慈媳孝两全其美的佳话。

孝感篇

格妇成孝(二)

【经典原录】

　　陈邦佐以妻不协①于母,欲出之。其友唐一庵谏②曰:"人情喜怒不常,岂以一失母心,便为弃妇③。他日母追念之,汝悔何及。此时则宜委屈调停耳。"未几果相协。邦佐卒,妻甘贫守节。

【难点简注】

① 协:和谐。

② 谏:进谏,建议。

③ 弃妇:被丈夫遗弃的妇女。

【释古通今】

格妇成孝(二)

　　陈邦佐因为妻子不能与母亲和睦相处,打算将妻子赶出家门。他的朋友唐一庵劝他说:"人都是喜怒无常,岂能因为一次失去母亲的喜爱,便让妻子成为弃妇。如果他日母亲追念儿媳之善,你将后悔莫及。因此当前你应该尽力从中调解。"不久,婆媳二人果然可以和睦相处。陈邦佐去世后,其妻甘于贫贱而坚守节操。

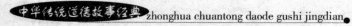

妙笔点评　　　家庭伦理中以父子、母子之爱和夫妻之情最为重要，而在古代，古人一直视父子、母子之间的感情高于夫妻的感情。因此当两者发生矛盾时，作为子女总是把父子、母子的感情看得更重。本故事中的陈邦佐因妻子与自己的母亲无法和睦相处，从而打算将妻子赶出家门，这种就是更重视母子之情的表现，而这些也是子女对母亲尽孝的方式。生活在当前的时代，世易时移，很多古代伦理中的弊端和一些极端化的表现都已得到批判，但抛开一些外在的形式，陈邦佐对母亲的敬爱之心仍是值得后人学习的。

孝感篇

显亲思亲篇

扬名显亲

【经典原录】

任敬臣五岁丧母，哀毁吁①天。至七岁问父英曰："若何可以报母？"英曰："扬名显亲可也。"乃刻志从学。汝南任处权见其文，惊曰："孔子称颜回以为弗如②也，吾见此儿，信不可及。"

【难点简注】

① 吁：呼天抢地。

② 弗如：不如。

【释古通今】

扬名显亲

任敬臣五岁丧母，仰天大哭。七岁时，任敬臣询问父亲任英："怎样可以告慰母亲呢？"任英回答："让父母声名显耀即可。"于是任敬臣刻苦向学。后来汝南的任处权看到任敬臣的文章，惊讶地说："孔子曾说自己不如颜回。我看到此人，才相信自己赶不上他。"

事母纯孝

【经典原录】

秦簪园殿撰，幼失怙①，事母纯孝，先意承志，母稍不悦，则长跪请罪。家素贫，躬啖藜藿，奉母必甘旨。比长，授徒某氏，距家四五里，晨昏定省，寒暑无间，以是母忘其贫，而乐其子之贤也。

【难点简注】

① 怙：依靠，多指父亲去世。

【释古通今】

大魁天下

秦簪园任殿撰，幼年时，父亲去世，他非常孝顺母亲，此点继承了家族传统。母亲稍有不高兴的神情，秦簪园便长跪不起，请求惩罚。因家中向来贫困，秦簪园自己多吃粗粮，而给母亲美味佳肴。长大后，秦簪园在某家做家教，离家四五里，每天早晚都会看望母亲，无论寒暑，从未间断，因此秦母暂时忘却家中的贫困而对儿子的贤德感到高兴。

孝子对父母的尽孝可以有多种形式，有的是尊亲敬亲，有的是守孝三年，有的是"父母在，不远游"。而这几则故事中的孝子是以考取功名的方式来显扬双亲。我国传统文化赋予古代士人以"三不朽"的理想,即立德、立功、立言。一代代的士人为此而不懈地奋斗以实现自己的人生价值,这种得到社会普遍认同的价值实现方式不仅使士人个体的身份彻底改变,而且可以泽被亲属,尤其是士人的父母可以获得巨大的光荣。因此在这些故事中,孝子不是单纯地将追求功名庸俗化,仅仅为使父母争得面子而读书,而是将实现自我价值和对父母尽孝这两者通过完成传统士人的理想这一方式紧密地结合在一起,在此过程中,子女既达到了向父母尽孝道的目的,更实现了自我价值的提升和品格的锤炼。因此,读者在看到士人求得功名的同时,更应看到他们行为背后积极进取的精神和尽孝的美德。

显
亲
思
亲
篇

为亲而仕

【经典原录】

庐江毛义,少孤家贫,有孝行称。南阳张奉慕①义名,往候②之,坐定而府檄适至,以义守令。义奉檄而入,喜动颜色。奉志尚③士,心贱之,辞去。及母死去官,进退必以礼。后举贤良,公车征,遂不至。张奉叹曰:"贤者固不可测,往日之喜,乃为亲屈也。"

【难点简注】

① 慕:倾慕。

② 候:恭候。

③ 尚:崇尚。

【释古通今】

为亲而仕

庐江的毛义,年少时即成孤儿,且家庭贫苦,其孝心为人称道。南阳的张奉仰慕毛义的声名,前往问候。张奉刚赶到毛家,官府的檄文也正巧抵达,是让毛义担任守令之职。毛义捧着官檄进屋,喜笑颜开。张奉历来遵奉士人安贫的气节,因此从心中鄙视毛义的轻浮,立刻辞别离去。毛母去世后,毛义便辞官回乡,一举一动都合乎礼仪规范。后来朝廷举荐贤良,征召毛义,但毛义没有应召。张奉此时才感叹:"贤者之心深不可测,往日毛义的欣喜是为母亲而委屈自己的心意。"

子婿殊科

【经典原录】

东京赵居先父年九十一岁,母九十四岁,性皆严急①。居先夫妇侍奉孝谨,孝行克谐。每夕焚香为父母祈祷,其心专一,孝行动天。

【难点简注】

① 严急:严厉急躁。

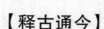

【释古通今】

子婿殊科

东京的赵居先之父年已九十一岁,其母也九十四岁。两位老人的性格急躁严厉。赵居先夫妇侍奉父母非常谨慎孝顺,孝行可嘉。每天晚上他都会为父母焚香祈祷,专一的心境感动了上天。

度亲超升

【经典原录】

福建林承美自幼丧父,寡母守节,抚①孤成立,毕婚而卒。美思父母之恩,无由报答,常啼泣不已。偶遇一禅师谓曰:"亲既逝矣,孝子思亲,徒哭无益。子但诚心为善,以求度亲,使父母冥②中获福,则谓之报矣。"承美感悟,戒杀放生,广积阴功③。数年后,梦其父谓曰:"汝为我行善,我与尔母皆超升天堂,汝亦有厚福。"后承美寿九十六。

【难点简注】

① 抚:抚养。

② 冥:幽冥。

③ 阴功:阴德。

【释古通今】

度亲超升

福建的林承美自幼丧父,其母寡居坚守妇道,抚养幼孤长成,到林承美完婚后才去世。林承美思念父母的恩德却无法报答,经常哭泣不止。后来偶然遇到一位禅师对他说:"双亲既然去世,孝子思念他们,只是哭泣恐无济于事。孝子应当诚心向善,多做善事,以求超度双亲,使父母在幽冥中获得福祉,这就可以回报他们了。"林承美恍然大悟,此后戒杀戮,经常放生,广积阴德。几年后,林承美梦见父亲说:"你为我们多行善事,我与你母亲都已超升天堂,你也必有丰厚的福份。"此后林承美享年九十六。

显 亲 思 亲 篇

拯人超母

【经典原录】

王德昌母徐氏,初妊①不育,继怀孕多病。及生德昌血崩②而晕,既绝复苏,视儿而泣曰:"儿得生,我死无恨矣。"德昌稍长,父以此语之,号恸数日。后以母因产亡,倾家合益母丸以济③人,全活者甚众。每闻人产,必为泣涕。人问其故,曰:"吾母死于产,念及此,能不痛心乎?"

【难点简注】

① 妊：妊娠。

② 血崩：中医指妇女不在行经期子宫大量出血的病。

③ 济：救济。

【释古通今】

拯人超母

王德昌之母徐氏初次怀孕时没有生育成功，后来再次怀孕时又体弱多病。等到生王德昌时，徐氏因出血过多而晕厥，很久才苏醒过来，看到出生的儿子后哭泣道："儿子平安出生，我死而无憾。"王德昌长大后，父亲将母亲的话告诉了儿子，王德昌悲痛了很多天。由于母亲是因分娩产子而去世，王德昌后来倾家财制成益母丸，用来救人济世，受益而活命的人很多。每当听说有妇女分娩产子，王德昌必定会哭泣。旁人询问原因，王德昌回答："我母亲死于分娩时，想到此事，怎能不痛心呢？"

妙笔点评

通常认识中的孝道无非是子女对父母的敬爱之情，包括尽心竭力地照顾父母，为双亲守丧三年，不曾远离父母等行为。这些方面固然是孝的重要表现，但并非孝道的全部。孝道作为一种仁的表现，它的范围不仅是在家庭内部，而是应当适用于整个社会群体。仁者爱人是儒家思想对仁的根本认识，这里的"人"是从普泛意义来说的，也就是说，仁人会以爱心对待一切人。既然孝从根本上也是一种仁，那么具有孝心之人不仅以仁爱之心照顾自己的父母，而且会以同样的心态对待所有的人。本故事中的王德昌因自己的母亲在分娩生产时去世,所以他将对母亲的悲痛化为自己行医济世的动力,同时在救人于危难时不禁也会想起自己的母亲。王德昌的孝心经过这一番救人的义举,已经升华为对整个社会的爱心,从这个意义上来说,王德昌的孝心已经超越了一般的家庭伦理之爱而具有更大的社会包容性,因而更值得后人称道和学习。

减算益亲

【经典原录】

昆山顾鼎臣亲年五十而生。鼎臣自幼尽孝,稍长撰②一表文,每夜焚香祝天,愿减己算,增亲寿。一夕梦黄鹤飞从天来,近视之,即其所焚疏也。末批云"鼎臣减算益亲,出于至诚。父延二十四年。鼎臣状元及第"。

【难点简注】

① 益:增加。

② 撰:撰写。

③ 臻:达到。

【释古通今】

减算益亲

　　昆山顾鼎臣的母亲五十岁时才生下儿子。顾鼎臣自幼就很孝顺母亲,后来年纪稍大,顾鼎臣撰写了一篇文章,每天焚香诵念此文并祝祷上天,愿意减少自己的年寿以增加父母的年寿。一天晚上,顾鼎臣梦见黄鹤从天而降,距近仔细看时,原来是自己每天所烧的表文。末尾有批语说"鼎臣减少自己的年寿以增加父母的年寿,这是出于至诚之心的请求。因此其父的年寿将延长二十四年。鼎臣也将状元及第"。

妙笔点评

　　子女对父母的孝道可以表现在行为的各个方面,但孝的实质是儒家文化最为重视的"仁",诚如孔子所说:"孝弟也者,其为人之本与!"反过来说,仁所表现的最基本方式就是家庭伦理中的孝。因此,孝是一种仁,是仁在亲子之间的表现,是子女对父母的仁。仁者爱人,这是评价人的伦理行为的最高原则。由于孝和仁之间紧密的关系,而仁又具有爱人的内涵,那么尽孝之人必然会爱父母,而且是无私利地爱父母。情之所至,有的孝子甚至会以自己的生命来换取父母的长寿。本故事中的顾鼎臣就是这样一位孝子,母亲生下他时年已五十,在这样的年纪生下孩子,在当时所受的痛苦可想而知。顾鼎臣出于对母亲的感激而十分孝顺,他对父母亲最可贵的孝行就是减少自己的年寿以增加父母亲的年寿,这是顾鼎臣的真心期盼,所以才会有神灵的昭示。至于顾鼎臣在最后所收到的奖励,并非他做此事的主观原因,无私利的敬爱之心才是促使顾鼎臣不惜减少自己的寿命而增加父母亲年寿的根本原因,可以说这种合于仁的孝行是孝的最真诚的表现。

闻雷泣墓

【经典原录】

魏王裒事亲至孝。母存①日,性畏②雷,既卒,葬于山林。每遇风雨,闻声即奔于墓所泣拜,告曰:"裒在此,母勿惧。"隐居教授,读《诗》之"哀哀父母,生我劬劳"③,遂三复流涕。后门人至废《蓼莪》之篇。

【难点简注】

① 存:在世。

② 畏:害怕。

③ 哀哀父母,生我劬劳:这是《诗经·小雅·谷风之什》中的诗句,后面的《蓼莪》之篇即是指此。

【释古通今】

闻雷泣墓

魏国的王裒非常孝顺双亲。王母在世之日,非常害怕听雷声,后来去世,安葬于山林中。每到遇到雷

雨天气,王裒听到雷声便跑到母亲墓旁悲泣叩拜,告诉母亲:"王裒在此,母亲不要害怕。"王裒隐居山野,教书授徒。每当读到《诗经》中的"哀哀父母,生我劬劳",他都会不停地流泪。因此王裒后来的门人不再讲《诗经》中的《蓼莪》了。

梦见父貌

【经典原录】

梁甄恬幼丧父,八岁问母,恨生不识①父,悲泣累日。忽有所见,言②其形貌,则其父也,时人以为孝感。及居母丧,庐墓侧,恒③有元黄色鸟,巢于墓树。恬哭而鸣,哭止而止。

【难点简注】

① 识:见到。

② 言:描述。

③ 恒:经常。

【释古通今】

梦见父貌

南朝梁的甄恬幼年丧父,八岁时询问母亲,遗憾自己出生后未能见到父亲,伤心哭泣了很多天。忽然有一次,甄恬恍惚中看到一个人,经过描述形貌,那人就是甄父,时人以为是甄恬孝心所致。后来母亲去世,甄恬住在母亲墓旁,常有元黄色的鸟落巢于墓旁的树上。甄恬哭泣时,鸟儿也随之悲鸣,甄恬停止哭泣时,鸟儿的悲鸣也会停止。

梦晤[①] 亡母

【经典原录】

> 齐宜都王铿高帝第十六子也。生三岁丧母,及有识[②],问母所在,左右告以早亡,便思慕,蔬食自悲,不识母,常祈求幽冥,求一梦见。至六岁,遂梦见一女人云"是其母"。铿悲泣,向旧左右说容貌衣服,皆如平时。闻者唏嘘[③]。

【难点简注】

① 晤:见面。

② 识:懂事。

③ 唏嘘:叹息。

【释古通今】

梦晤亡母

南朝齐宜都王萧铿是齐高帝的第一六个儿子。三岁时,萧铿之母去世。懂事之后,萧铿询问母亲所在,左右侍婢告诉他早已去世了,此后萧铿便开始思念母亲,吃素食时经常独自伤心。因未见过母亲,萧铿乞求幽冥神灵,希望能托梦见到母亲。六岁时,萧铿梦见一个女人说"是母亲"。

萧铿醒来后悲泣伤心,便向原来的老侍婢描述梦中之人的容貌衣服,都和萧母平时的装束一样。听说此事的人都唏嘘不已。

妙笔点评

儒家曾有"父慈子孝"的说法,但这并不是说父慈和子孝之间存在一定的对应关系,而子女对父母的孝道是一种因血缘关系而建立起来的自然情感,父母对子女的生命的赐予其实就是最大的恩惠,因此作为子女,他们对父母的感情是与生俱来的。本故事中的萧铿在自己三岁时,母亲就已去世。虽然没有见过母亲,也没有得到过母亲更多的照顾,但萧铿仍对早已过世的母亲具有很深的思念,以至食不甘味,独自伤心。这种孝心终于感动神灵,遂使母子二人隔世相见。故事最后略带奇异色彩的结尾是对萧铿孝心的升华,读者不应以荒诞简单视之,而应从萧铿对母亲的一片深情体会到作为孝子所应有的境界。

显亲思亲篇

悲母遗物

【经典原录】

张敷生而母亡,年数岁,问知之,虽童蒙①便有感慕之色。至十岁许,求母遗物,而散失已尽,惟得一扇,乃缄②录之。每至感思,辄开笥③流涕。见从母,悲感哽咽④。性整贵,风韵甚高,好读元言⑤,兼属⑥文论。初父邵使与高士南阳宗少文谈系象⑦,往返数番,少文叹曰:"吾道东⑧矣。"于是名价日重。迁黄门侍郎。父在吴兴亡,成服十余日,始进水浆,遂毁瘠成疾,未期卒。孝武即位,诏旌其孝道,改所居称"孝张里"。

【难点简注】

① 童蒙:年幼无知的儿童。

② 缄:封闭。

③ 笥:盛饭或盛衣物的方形竹器。

④ 哽咽:哭时不能痛快地出声。

⑤ 元言:即"玄言"。魏晋时期的文士以谈玄论道为风尚,主要涉及《老子》、《庄子》和《周易》中的问题,这三部书时称"三玄"。

⑥ 属:写作。

⑦ 系象:《周易》中的卦象之一。

⑧ 东:名词作动词,走到东方。

【释古通今】

悲母遗物

张敷出生后,其母就去世了。几岁时,张敷知道了此事,虽然当时是年幼的儿童,但常有感怀思念母亲的神色。到十几岁时,张敷求索母亲的遗物。但当时早已散失殆尽,最后只找到一把扇子,于是张敷将此扇细致封存。每当感怀思念母亲时,张敷便哭泣着打开扇子观看,见到继母也会悲伤哽咽。长大后的张敷性情严整,格调高贵,风韵很好,喜欢玄谈,并写有评论文章。起初父亲张邵让张敷和南阳高士宗少文谈论《周易》的"系"象,往返论辩后,宗少文感叹道:"从此我的学问就移到东边去了。"张敷的声名也随之日渐高涨,后任黄门侍郎。其父在吴兴去世,服丧十天

显亲思亲篇

后,张敷才开始进食,后因积劳成疾,不到一月,张敷也去世了。孝武帝即位,下诏旌表张敷的孝道,改张家为"孝张里"。

❋ ❋

妙笔点评　　　为亲人守孝是礼法的规定,同时也是行孝的方法。父母在世,依规定的礼法侍奉他们,而当父母去世,子女就得依规定的礼节埋葬和祭祀他们。如果这种思念之情通过丧葬之礼也无法排解时,子女就会睹物思人,怀念亡亲。本故事的主人公张敷就是这样一位精诚孝子,很小的时候就知道母亲去世而感怀悲伤,而内心悲情无法抑制时只得睹物思母,纪念母亲,此时的他也不过十几岁。后来父亲去世,他更加感到痛失双亲的哀伤,情不能遏,遂使自己也忧思成疾而去世。想到张敷生活的时代是魏晋玄学兴盛之时,很多人只看重自己的生活质量而很少关心别人的冷暖饥寒,有时甚至对家庭中的伦理规范也置之不理。因此,此时的孝道并不为当时人所重。而在这样的时代,张敷还能如此向父母尽孝,并未因追求《周易》中的形而上之"道"而忽视日常生活中的人伦物理,这种一往情深的孝道还能出现于这样的时代确实令人肃然起敬,这种不为时代风气所动的赤心孝道不仅对时风起到激浊扬清的作用,更对后世孝文化的传承有着不可忽视的意义。

显亲思亲篇

不仕仇朝

【经典原录】

王裒父仪为安东司马,东关之败,文帝时为帅,问僚属①曰:"近日之事,谁任②其咎③?"仪曰:"责在元帅。"文帝怒曰:"司马欲委④

罪于孤⑤邪?"斩之。衮少立操尚⑥,行己以礼,博学多能,痛父非命⑦,未尝西向坐,示不臣⑧朝廷。隐居教授,三征七辟,皆不就,庐墓侧,旦夕至墓拜跪,攀柏悲号,溅泪著树,树为之枯。

【难点简注】

① 僚属:幕僚,官吏。

② 任:担任。

③ 咎:罪责,过失。

④ 委:通"诿",推诿。

⑤ 孤:封建王侯的自称。

⑥ 操尚:节操,操行。

⑦ 非命:名词作动词,死于非命。

⑧ 臣:名词作动词,称臣。

【释古通今】

不仕伪朝

王衮之父王仪任安东司马。东关战役失败,当时担任行军统帅的文帝问僚属:"这次失败,由谁负责?"王仪回答:"责任在统帅。"文帝听后便愤怒地说:"司马大人打算让我承担罪名吗?"于是将王仪斩首。王衮从小树立人格操守,以礼行事,博学多才,痛心于父亲死于非命,从不朝向西坐,表示不称臣于朝廷,隐居山野,教书授徒。面对三次征召和七次举荐,王衮从没有应召。住在父亲墓旁,王衮早晚都会到墓前跪拜,抱着柏树悲泣,泪水流到树上,使柏树逐渐枯萎。

显亲思亲篇

纯孝感贼

【经典原录】

马天驷少即颖悟①,好读书。康熙乙卯七月,赴省试。闻贼逼三衢,复反②家。贼卒至,驷父出奔,遇贼,将刃其父。驷以身蔽之,泣诉曰:"此我父也,原无加害。宁杀我。"贼感而赦之。

【难点简注】

① 颖悟:聪明,多指少年。
② 反:通"返",返回。

【释古通今】

杀贼报父

马天驷自幼聪明,喜欢读书。康熙乙卯年七月,马天驷参加省试,但听说叛贼已逼近三衢,便又返回家中。叛贼到马家,马天驷之父跑出家门,遇到了叛贼。贼军将要杀害马父,马天驷用身体挡住父亲悲泣道:"这是我父亲,希望不要伤害他。要杀就杀我吧。"叛贼感于马天驷的一片孝心,遂赦免了二人。

母老泣杖

【经典原录】

汉韩伯愈至孝。母笞①之,忽然下泣,母曰:"往者杖②汝,惟忍受之,今何以泣?"愈曰:"往日杖痛,知母康健。今母力衰③,不能使痛,是以泣也。"

【难点简注】

① 笞:用竹、鞭或竹板子打。

② 杖:名词作动词,杖打。

③ 衰:衰弱。

【释古通今】

母老泣杖

汉代的韩伯愈非常孝顺。母亲曾经鞭笞他,韩伯愈忽然哭泣。母亲问:"从前杖打你,你都是默默忍受。今天为何哭泣?"韩伯愈回答:"往日的杖打很痛,由此知道母亲气力很足,身体康健。今天母亲力气衰弱,不能使我疼痛,所以哭泣。"

妙笔点评

　　孝的观念,在汉代以后,远远超过了家庭道德的范围,成为一种政治伦理的概念,即"以孝治天下"。由于这样的文化导向,汉代的孝子故事层出不穷,而且从各个角度反映出不同阶层的孝子的不同精神追求。本故事中的韩伯愈便是其中的鲜明代表,儒家虽然极力强调子女对父母的孝道,但同时也说到了父慈子孝的道理。韩伯愈此时虽然遭到母亲的不公正待遇,显然其母没有待他以慈眉善目,但韩伯愈没有抱怨和放弃,反而从一种常人难以理解的角度认识母亲鞭打自己的行为,即通过鞭打时的力气大小来比较母亲的体力变化,进而对母亲的身体状况做出判断。韩伯愈能有如此作法,实出于自己对母亲的孝心,而没有抱怨母亲对自己的鞭打。所以平时的默不作声到最后的失声哭泣,韩伯愈不是在乎自己的身体疼痛,而是为母亲的体力日衰而担忧。读者在欣赏故事人物的特异行为时,更应受到这种孝子之爱所带来的深刻教益。

后　记

　　这是一套有关传统道德的丛书，由于历史环境的差异，其中有些故事或言论并不完全符合当今时代的标准，但大部分故事表达的思想对当代人还是有学习和借鉴意义的。我们建议读者从以下三个方面去考虑：

　　第一，本套书分十三类，基本涵盖旧时代做人的各个方面。这里面有些东西虽然有点过时或陈腐，但其对道德的理解和关注，在今天也还是有参考意义的。如"孝史"、"家庭美德"、"妇女故事"侧重于家庭生活；"官吏良鉴"、"法曹圭臬"、"赈务先例"侧重于为官；"巧谈"讲言辞之美；"民间懿行"讲留美名于民间；"人伦之变"讲人与自然的关系等，所以仅从标题上就可以看出做人的道德范围。今天我们依然生活在这些范围之内，有些可能更强化了。如"人伦之变"着重讲人与自然的密切关系，与我们现在倡导的环境保护、和谐发展也有相通之处。

　　第二，这套书中所选的许多故事，有不少是历史上经久传诵的著名故事，可以开拓视野，增长知识。如"英勇将士传"中，有个"苦守孤城"的故事，讲的就是唐朝著名将领张巡率军死守睢阳的事迹。这个故事出自唐代著名散文家韩愈的文章，在文学史上比较有名。通过读"苦守孤城"这个故事，既能认识古代军人的优秀品质，又增加了文学知识。类似这样的例子还很多，值得细心玩味。

　　第三，这套书中的不少故事，到今天还有一定的借鉴意义。道德是为人处事的基本准则，有些可能随着时代的变化而变化，但许多基本的东西如善良、正直、廉洁、奉献等则是不会变的。所以，这套书中所选的不少故事，依然可以作为育人的教材。如"孝史"中的"万里寻父"、"万里寻母"等故事，所讲述的就是对父母的爱，今天读来依然感人。而"官吏良鉴"中所列的"拒金不纳"、"至诚爱民"等故事，今天也不失为做官的基本规范。

但愿有心的读者能从中得到收获。

是为记。

后

记

2010 年 9 月